陶哲轩
教你学数学

[澳] 陶哲轩 —— 著

李馨 —— 译

Solving

Mathematical

Problems

A Personal Perspective

人民邮电出版社

北　京

图书在版编目（CIP）数据

陶哲轩教你学数学/ (澳) 陶哲轩著；李馨译. ——
北京：人民邮电出版社，2017.11
（图灵新知）
ISBN 978-7-115-46894-9

Ⅰ. ①陶… Ⅱ. ①陶… ②李… Ⅲ. ①数学–普及读
物 Ⅳ. ①O1-49

中国版本图书馆 CIP 数据核字(2017)第 231986 号

内 容 提 要

　　本书是天才数学家陶哲轩的第一本书，论述解决数学问题时会涉及的各种策略、方法，旨在激发青少年对数学的兴趣。书中的内容包括：数论、代数、分析、欧几里得几何、解析几何。

　　本书适合对数学感兴趣的青少年阅读。

◆ 著　　　　　[澳] 陶哲轩
　　译　　　　　李　馨
　　责任编辑　　杨　琳
　　责任印制　　彭志环

◆ 人民邮电出版社出版发行　　北京市丰台区成寿寺路 11 号
　　邮编 100164　　电子邮件　315@ptpress.com.cn
　　网址 http://www.ptpress.com.cn
　　大厂回族自治县聚鑫印刷有限责任公司印刷

◆ 开本：787×1092　1/32
　　印张：5.75　　　　　　　　2017 年 11 月第 1 版
　　字数：106 千字　　　　　　2025 年 2 月河北第 35 次印刷
　　著作权合同登记号　图字：01-2016-9527 号

定价：49.00 元

读者服务热线：(010)84084456-6009　印装质量热线：(010) 81055316
反盗版热线：(010)81055315
广告经营许可证：京东市监广登字 20170147 号

第 1 版前言

古希腊哲学家普罗克洛斯曾经说过：

"这就是数学：她使你感悟到灵魂是无形的；她把生命赋予数学发现；她唤醒心灵，启迪智慧；她照亮我们心中的想法；她消除我们与生俱来的愚昧和无知……"

我之所以爱上数学却是因为她非常有趣。

数学问题或者说智力谜题对于真正的数学（比如解决现实生活中的难题）而言是非常重要的，这就像寓言、童话以及趣闻轶事对于青少年了解现实生活非常重要一样。数学问题是"被净化过"的数学，已经有人给出了它的完美解答。另外，这种问题本身已经去掉了那些无关紧要的内容，它以一种有趣的、（有望）激发思考的方式呈现在人们眼前。倘若把学习数学比作勘探黄金，那么解答一个好的数学问题就像是在金矿勘查时完成了一个"捉迷藏"的过程：你需要寻找一个天然金块，而你已经了解它的形状并且确定它一定就在某个地方，你还知道想要找到它并不是特别困难，以你的能力完全可以把它挖掘出来。此外，为了完成这项任务，你已经得到了合适的便利工具（即信息）来进行勘探工作。这个金块或许就隐藏在一个很难被人发现的地方，而你所需要的是正确的思路和技巧，并不只是一味地进行挖掘。

在本书中，我将选取数学不同难度、不同分支中的一些问题来进行求解。标记了星号（∗）的问题难度将更高一些，原因在于，这些问题要么涉及更高深的数学知识，要么需要更富技巧性的思路才能解答。标记了双星号（∗∗）的问题与标记星号（∗）的问题类似，但难度更高。有些问题的最后会附加一些习题，这些习题可以采用类似的方法来求解，或是涉及一些类似的数学知识。在解答这些问题的过程中，我会尽可能地把用到的一些技巧展现出来。经验和知识是其中两个最重要的工具，但把它们写进书里却并非易事：只有经过长时间的积累才能获得它们。然而有些简单的技巧只需要花费较少的时间就可以学会。此外，一些分析问题的方法能够使我们更加容易地找到解决问题的突破口。某些系统性的方法能够把一个问题相继转化成几个较为简单的子问题。但另一方面，给出问题的答案并不代表一切。我们再回到金矿勘查这个比喻上，同预先进行一次仔细的调查、了解地方的地质情况，进而在较小范围内开展挖掘工作相比，用推土机在邻近区域内进行大范围的露天开采就显得非常笨拙。解答应该是简洁、可理解的，并且最好足够优美。它还应当使人们在探索过程中感受到其中的趣味性。当我们使用教科书中的解析几何方法把一个优美的、简短的几何小问题等价地转化成一头张牙舞爪的怪物时，就无法体会到用两行向量求解所带来的那种胜利的喜悦。

下面给出欧几里得几何中的一个基本结论，我们把它作为一个典型例题：

> 证明一个三角形的三条垂直平分线是共点的。

可以利用解析几何的知识找到证明这句话的突破口。自己尝试花几分钟（几个小时？）的时间来求证，之后再看看下面这个解答。

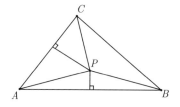

证明　把这个三角形记作 $\triangle ABC$。现在设线段 AB 和 AC 的垂直平分线相交于点 P。因为点 P 在 AB 的垂直平分线上，所以 $|AP| = |PB|$。又因为点 P 在 AC 的垂直平分线上，所以 $|AP| = |PC|$。把上述两个等式结合起来，可得 $|BP| = |PC|$。这意味着点 P 一定在线段 BC 的垂直平分线上。因此，这三条垂直平分线是共点的。（顺便指出，点 P 还是 $\triangle ABC$ 外接

圆的圆心。）　　　　　　　　　　　　　　　　　　　□

下面这个简图说明了当点 P 在线段 AB 的垂直平分线上时，为什么 $|AP| = |PB|$ 成立：可以利用全等三角形来说清楚这件事。

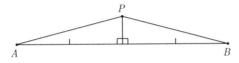

把一些显而易见的事实结合在一起，从而得到一个不太明显的事实，这种求解思路正是数学魅力的一部分。我希望你们也能体会到这种魅力。

致谢

感谢 Peter O'Halloran、Vern Treilibs 和 Lenny Ng 所提供的题目和建议。

特别感谢 Basil Rennie 对本书的修正以及给出具有独创性的、简便的求解方法。最后感谢家人对我的支持、鼓励，对本书拼写错误的纠正，以及在进度落后于预期计划时对我的督促。

本书中几乎所有的题目都来自已经出版的数学竞赛习题集。对于这些题目，我在书中标明了它们的出处，其完整的信息将在参考文献中给出。同时，我还采用了部分来自朋友以及各种数学刊物的题目，这部分题目的出处没有列出。

第 2 版前言

这本书是我 15 年前写的。毫不夸张地说，这 15 年对今天的我来说就是半辈子。 在这期间，我远离家乡，来到一个陌生的城市攻读研究生学位、教书、撰写学术论文、辅导研究生，并且娶妻生子。现在我对生活和数学的看法显然与我 15 岁时是不一样的。我已经很长一段时间没有参与过解题竞赛了。 如果让我现在写一本关于解题竞赛的书，那么书的内容与你此刻正在读的这本将有很大不同。

数学是一门涉及面较广的学科。伴随着时间的推移和经验的不断积累，我们对数学的理解和感悟会逐渐发生改变。当我还是一名小学生时，通过反复使用一些简单的法则就可以得到一个非凡的结果。数学的这种令人震惊的能力以及形式运算的抽象美，让我对其产生了浓厚的兴趣。在我读高中的时候，通过参与数学竞赛，我把数学当作一种消遣，解答那些设计巧妙的数学谜题（比如本书中的题目）以及寻找解决问题的"窍门"是一个令人享受的过程。进入大学以后，我首次接触到现代数学的核心内容 —— 丰富、深刻而又令人神往的数学理论和体系，敬畏感油然而生。作为一名研究生，我为拥有自己的研究课题而感到骄傲。对前人未曾解决的开放性问题提供独创性的论证使我得到了无与伦比的满足感。当我成为一名专业的研究型数学家之后，我开始考察隐藏在现代数学理论和问题背后的直观力和推动力。我惊喜地发现，即便那些非常复杂的、深奥的结果，也常常可以利用一些相当简单，甚至是常识性的原理推导出来。当你领悟到其中的一个原理，并突然看到该原理是如何阐明一个庞大的数学体系时，你会忍不住惊喜地喊出"啊哈"。这的确是一种不寻常的体验。在数学中仍然有很多领域等待我们去探索。直到最近，我了解了足够多的数学领域之后，才开始明白整个现代数学学科的努力方向，以及数学是如何与科学和其他学科联系在一起的。

　　这本书是在我成为一名专业数学学者之前写的，我当时并没有现在这样的见解和经验，因此书中的很多阐述有些无知，甚至幼稚。我并不想对这些地方做过多的修改，因为当时年轻的我比现在的我更能融入高中生的解题世界。但是，我在结构方面做出了一些调整：用 LaTeX 对本书重新排版；按照我个人觉得更具逻辑性的顺序对素材进行重新组织；修订了书中那些用词不准确、语句不恰当、容易引起混淆的部分和结构松散的部分。另外，我还在书中添加了部分习题。书中有一部分内容有些陈旧（例如，费马大定理现在已经有了严谨的证明）；而我现在也意识到，采用更"先进"的数学工具可以更快速、更简洁地解决其中一些问题。然而，本书的关键不在于展示最简洁的解题方法，也不在于提供最新的结论综述。本书是为了说明，当人们第一次接触数学问题时应该怎样处理，如何努力地去尝试一些正确的思路并排除掉其他杂念，以及如何稳妥地处理问题从而最终得到满意的答案。

我非常感谢 Tony Gardiner 对本书再版所给予的鼓励和支持，同时感谢这些年来父母对我的全力支持。我所有的朋友和多年来我遇到的本书第 1 版的读者都深深地感动着我。最后，同样也是非常重要的，我要特别感谢我的父母以及 Flinders 医疗中心的计算机技术支持部门，感谢你们从我陈旧的苹果电脑中找回 15 年前的本书电子版原稿!

陶哲轩

美国加州大学洛杉矶分校数学系

2005 年 12 月

目录

第 1 章

解题的策略

千里之行，始于足下。

—— 老子

不管你认不认同这句格言，求解一个题目总是从富有逻辑性的简单步骤开始（然后继续这样进行下去，直到最后得出答案）。但是，只要我们有敏锐的目光，并沿着清晰的方向坚定不移地大踏步前进，那么我们完成千里之行根本就不需要走上百万步。抽象的数学并不存在实体的限制；人们总是可以重新回到问题的开始，尝试寻找新的突破口，抑或随时返回上一步。但在解决其他类型的问题时，我们或许就不能这样随意地操作了（例如，当你迷路时试图找到回家的路）。

当然，这并不代表我们一定能够容易地求解出问题的答案。如果问题都变得容易解决，那么本书的内容将会减少很多。但让解题变得容易起来也是有可能的。

存在一些正确解题的一般性策略和角度。波利亚的经典文献（波利亚，1957）介绍了很多这方面的内容。接下来，我们将讨论其中的一些策略，并简短地阐述在下面这个问题中，每一种策略是如何应用的。

问题 1.1 一个三角形的三条边长构成公差为 d 的等差数列。该三角形的面积为 t。求该三角形的边长和角度。

理解问题 这是什么类型的题目？一般存在三种主要的

题目类型。

- "证明……"或者"推算……"的题目。这类题目要求证明某个特定的命题为真，或者推算出某个特定表达式的值。

- "求一个……的值"或者"求所有……的值"的题目。这类题目要求我们求出满足特定条件的一个（或者所有）值。

- "是否存在……"的题目。这类题目要求你要么证明一个命题为真，要么给出一个反例（于是这类题目就变成了前两种类型题目中的一个）。

题目的类型是非常重要的，因为它决定了解题的根本方法。"证明……"或者"推算……"的题目要从给定的信息入手，目标是推导出某个命题为真或者求出某个表达式的值。一般来说，这类题目要比另外两类题目更容易些，原因在于这类题目有一个明确可见的目标，从而让我们能够有意识地根据这个目标来求解。"求一个……的值"的题目则更具有偶然性，我们通常必须先猜出一个可能正确的答案，然后对它进行适当的调整，从而使其更接近正确答案；我们也可以改变目标对象必须满足的条件，从而使改变后的条件更容易满足。"是否存在……"的题目一般难度最大，因为必须先确定这样的对象是否存在。如果存在这样的对象，那么要给出证明；否则，就给出一个反例。

当然，并不是所有的题目都可以简单地划分到这三种类型中。但是，当求解一个题目时，一般的题目分类有助于我们选择合适的基本解题策略。例如，如果试图解决"在这个城市中找一家旅馆过夜"这样一个问题，那么应当把要求改为"在 5 公里范围之内，找到一家有空闲房间的旅馆，并且住一晚的房费不能超过 100 美元"，接下来使用排除法去找满足条件的旅馆就行了。这种策略要比证明这样的旅馆存在或不存在好得多；同时，这种策略可能也比随便找一家旅馆，然后试图证明可以在该旅馆中过夜要好。

在问题 1.1 中，我们遇到的是一个"推算 ……"类型的题目。这需要在给定若干变量的前提下求出几个未知量。这就提示我们应当使用代数方法而非几何方法来求解。通过建立关联 d、t 以及三角形边和角的多个方程，最终求解出未知量。

读懂信息　题目中给出了哪些信息？一般来说，在一个题目中会给出若干个满足某些特定条件的对象。想要读懂这些信息，需要弄清楚这些对象和条件之间是如何相互作用的。集中精力选择合适的技巧和符号，对解题来说是非常重要的一件事。例如在问题 1.1 中，能够获取的信息有：这是一个三角形，三角形的面积以及该三角形的三条边长构成了一个公差为 d 的等差数列。因为已知的是一个三角形，而要考察的是该三角形的边长和面积，所以需要使用与边长、角度和面积相关的定理来处理这个题目：比如正弦法则、余弦法则以及面积公式。另外，由于题目涉及等差数列，于是我们将使用一些符号来说明该数列。譬如，三角形的三条边长可以分别表示成 a、$a+d$ 和 $a+2d$。

明确目标 我们想要达到的目标是什么？这个目标可能是求出某个对象的值，证明某个命题为真，确定某个具有特殊性质的对象是否存在，等等。就像在"读懂信息"这个策略中提到的那样，明确目标有助于我们集中精力选取出最好的解题工具。此外，明确目标对于确立战术目的同样有很大的帮助，这能使我们更加接近问题的答案。这个例题的目标是"求出该三角形所有的边长和角度"。正如前文中所说的，这意味着我们需要的是关于边长和角度的定理及结论。这同时也明确了"找出涉及三角形的边长和角度的等式"这个战术目的。

选取恰当的符号 有了信息和目标，还必须采用一种高效的方法，把它们尽可能简单地展现出来。这通常会涉及前文中谈到的两种策略。在这个样题中，我们已经考虑到了建立关于 d、t 以及三角形边长和角度的等式。三角形的边长和角度还需要使用变量来表示：可以把边长分别取作 a、b 和 c，同时把角度表示为 α、β 和 γ。然而，利用题目中的信息可以进一步地简化这些符号：由于三角形的边长构成一个等差数列，于是我们可以使用 a、$a+d$ 和 $a+2d$ 来代替 a、b 和 c。但是使用形式上更加对称的符号 $b-d$、b 和 $b+d$ 来表示边长要比上述符号更好。这种表示的唯一小缺陷是 b 必须大于 d。但经过进一步的思考，我们发现这算不上限制。实际上，$b > d$ 只不过是一个额外的信息。还可以把三个角度分别取作 α、β 和 $180° - \alpha - \beta$，进而对符号做出更大的调整，但这种表示并不美观，并且在形式上也不对称，所以保持之前的符号可能是更好的选择，不过要记住 $\alpha + \beta + \gamma = 180°$。

用选取好的符号写下你所知道的信息；绘制一张图表　把所有的信息都写在纸上，有如下三方面的帮助。

(a) 你之后可以方便地参阅纸上的内容。

(b) 当遇到困难时，你可以盯着这张纸进行思考。

(c) 把知道的信息写下来能够激发你新的灵感和联想。

要注意的是，你没必要写过多的信息，不需要把细枝末节都写在纸上。一个折中的办法是：重点强调那些你认为最有用的内容，并把存在更多疑点的、冗余的或是疯狂的想法记录在另一张草稿纸上。我们能从样题中提取出下面这些等式和不等式。

- （自然约束）$\alpha, \beta, \gamma, t > 0$ 和 $b \geqslant d$；还可以不失一般性地假设 $d \geqslant 0$。

- （三角形的角度之和）$\alpha + \beta + \gamma = 180°$。

- （正弦法则）$(b - d)/\sin\alpha = b/\sin\beta = (b + d)/\sin\gamma$。

- （余弦法则）$b^2 = (b - d)^2 + (b + d)^2 - 2(b - d)(b + d)\cos\beta$，等等。

- （面积公式）$t = (1/2)(b - d)b\sin\gamma = (1/2)(b - d)(b +$

$d) \sin \beta = (1/2) b(b + d) \sin \alpha$。

- （海伦公式）$t^2 = s(s - b + d)(s - b)(s - b - d)$，其中 $s = ((b - d) + b + (b + d))/2$ 是三角形的半周长。

- （三角不等式）$b + d \leqslant b + (b - d)$。

在上面这些事实中，可能有许多结论被证明是无用的，或者会导致人们的注意力分散。但是通过利用某种判别法，可以把有价值的信息从那些无用的内容中分离出来。由于目标和信息都是以等式的形式给出的，等式可能要比不等式更加有用。此外，海伦公式看起来将大有用处，原因在于三角形的半周长被简化成了 $s = 3b/2$。由于"海伦公式"是可能有用的信息，我们可以对它进行着重强调。

当然也可以画一张示意图。这通常对求解几何问题有非常大的帮助。但在这个样题中，示意图好像并没有提供太多的帮助：

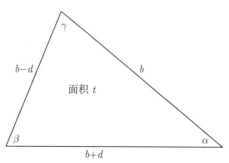

对问题稍做修改 存在很多修改问题的方法，它们能使

问题变得更容易处理。

   (a) 考虑该问题的一个特殊情形，比如极端情形或退化的情形。

   (b) 求解简化了的问题。

   (c) 建立一个蕴含着该问题的猜想，并尝试先证明这个猜想。

   (d) 从问题中推导出某个结论，并尝试先证明这个结论。

   (e) 重新表述该问题（例如，证明其逆否命题，使用反证法，或者尝试采用某种替换说法）。

   (f) 考察类似问题的解答。

   (g) 推广该问题。

当你不知道该如何着手处理一个问题时，这些方法将会很有帮助。其原因在于，解答一个与原问题相关但更简单的题目，有时会带给我们求解原问题的灵感。类似地，考察问题的极端情形以及求解带有附加条件的问题同样可以为解答原问题带来帮助。但这里要提醒一句，特殊情形本身就具有特殊性，某些用来证明特殊情形的巧妙方法在证明一般情形时可能毫无用处。这通常会发生在特殊情形过于特殊的状况下。为了保证尽可能与原问题的本质接近，你应该从适当地修改假设条件入手。

在问题 1.1 中，可以试着考察 $d = 0$ 这种特殊情形。在这种情形下，需要求出面积为 t 的等边三角形的边长是多少。此时，用标准方法来计算可以得到 $b = 2t^{1/2}/3^{1/4}$。这表明了一般情形下的答案也应当包含平方根或者四次方根，但这并没有告诉我们该如何求解原问题。考察类似的问题不会带来太大的帮助，但却使我们进一步确信，解决这个问题需要一个强有力的代数工具。

对问题做出较大修改　在这种更具挑战的策略中，对问题做出的修改主要有：删除题目中给出的条件，交换已知条件和要求的结论，或者否定目标结论（例如，试着证明某个命题不成立，而非成立）。从根本上说，我们试着一步步地去说明修改后的问题是不成立的，进而找到问题的突破口。这种方法明确了题目给出的关键信息，同时也告诉我们求解该问题的主要困难是什么。这些练习同样有助于我们培养判断哪些策略可行以及哪些策略行不通的直觉。

就这个特定的样题而言，可以把三角形替换成四边形、圆形等，但这样做并没有什么帮助：问题只会变得更加复杂。另一方面，可以看出，解决这个问题真正需要的不是三角形所在的位置，而是该三角形的尺寸。那么据此可以进一步地确定，应当把注意力集中在边长和角度（即 a、b、c、α、β 和 γ）上，而不是去考虑使用解析几何或者类似的方法。

可以忽略掉一些目标。例如，不必计算出三角形所有的边长和角度，而只需要求出三条边长就可以了。接下来会发现，利用余弦法则和正弦法则完全能够确定三角形的三个角度。因此只需要计算出三角形的边长。又因为三条边长分别是 $b-d$、b 和 $b+d$，所以只要能够求出 b 的值，那么这个问题就解决了。

也可以忽略像公差 d 这样的信息，但这会导致出现多个可能的解，而我们却没有足够的信息来解决这个问题。类似地，忽略面积 t 同样会造成因信息不足而无法求解的状况。(有时可以忽略部分信息。例如，只规定面积大于或小于某个阈值 t_0，但这会让问题变得更加复杂。因此，应当坚持先尝试简单的选择。) 把问题反过来 (交换已知条件和要求的结论) 考虑能够激发一些有趣的想法。假设你有一个三角形，它的三条边长构成一个公差为 d 的等差数列；你希望缩小 (或其他任何处理) 该三角形，从而使其面积等于 t。不难想象这个过程是在保持三角形的边长始终构成公差为 d 的等差数列的同时，三角形不断缩小而使其形状发生改变。同样地，也可以考察具有固定面积 t 的一切三角形，并从中找出一个，使其三条边长构成满足条件的等差数列。这些想法终究会发挥其作用，而我会采用另外一种方法来解答这个问题。请不要忘记，一个问题可能有许多种解法，但没有哪一种解法可以被看作绝对最好的。

证明与问题相关的结论　题目中给出的条件是要被用到的，所以应当重视这些条件并试着去使用它们，看看这些已知条件能否提供更多有价值的信息。另外，在试图证明主要结论或者求解答案的过程中，证明一些小结论或许会对后面解题产生帮助。不管这是多么小的一个结论，都不要把它忘掉 —— 可能稍后它就会发挥作用。此外，当你遇到困难时，它也能让你有事可做。

在"推算 ⋯⋯"类型的问题中，比如该三角形问题中，这种策略并不一定奏效，但不妨试一试。例如，我们的战术目的是求出 b 的值。解决这个问题需要用到参数 d 和 t。换句话说，b 实际上是一个函数：$b = b(d, t)$。(如果说把这个符号用在几何问题中看起来并不恰当的话，那么原因仅在于，在几何中，对象之间的函数关系通常都会被忽略。例如，海伦公式给出了一个用三角形边长 a、b 和 c 来表示三角形面积 A 的显式表达：换言之，它给出的是一个函数 $A(a, b, c)$。)现在就可以证明与函数 $b(d, t)$ 有关的一些小结论，比如 $b(d, t) = b(-d, t)$（这是因为对于任意一个等差数列，总是能够找到一个与它等价的等差数列，并且两个数列的公差互为相反数）或者 $b(kd, k^2t) = kb(d, t)$（把满足 $b(d, t)$ 的三角形放大 k 倍就得到了这个结果）。我们甚至可以试着求 b 关于 d 或 t 的导数。就这个特定的问题而言，这些策略使我们能够进行一些正规化处理，例如令 $t = 1$ 或者 $d = 1$，同时还为我们提供了一种检验最终结论是否正确的方法。不过在该问题中，这些策略并不能展现出太大的优势，所以这里不用它们来求解。

简化、利用题目中的信息，实现战术目的 现在已经引入了符号并建立了一些等式，接下来就应该认真地考虑如何实现已经确定的战术目的。对于一些简单的问题，我们通常可以按照某种标准化方法来操作。（例如，在高中阶段，我们常使用已经得到充分讨论的代数化简法。）通常，这是解题过程中最长、最困难的部分，但是只要我们记住相关定理、题目中给出的信息以及如何使用这些信息，并且牢记想要实现的目标，那么就不会迷失方向。另外，不要盲目地使用任何已知的技巧或方法，而应该事先考虑一下在哪些地方可能会用到这种技巧。这将有助于排除干扰性的解题方向，避免精力的耗费并节省大量时间，从而使我们能够在最正确的解题方向上前进。

在问题1.1中，我们集中考虑了海伦公式。利用这个公式，能够实现求 b 这一战术目的。此外还知道，一旦求出 b 的值，利用正弦法则和余弦法则就可以确定 α、β 以及 γ 的值。接下来，又注意到海伦公式涉及 d 和 t ——它实际上使用了题目中给出的所有信息（"三角形的边长构成一个等差数列"这一事实已经体现在引入的符号当中）。总而言之，用 d、t 和 b 来表述海伦公式就是

$$t^2 = \frac{3b}{2}\left(\frac{3b}{2} - b + d\right)\left(\frac{3b}{2} - b\right)\left(\frac{3b}{2} - b - d\right)。$$

这个式子可以简化成

$$t^2 = \frac{3b^2(b-2d)(b+2d)}{16} = \frac{3b^2(b^2 - 4d^2)}{16}。$$

接下来，我们求 b 的值。上式右端是一个关于 b 的多项

式（把 d 和 t 看作常数），实际上它是关于 b^2 的一个二次多项式。此时能容易地求出这个二次方程的解：如果把分母去掉，并把所有项都挪到等号左端，那么就得到

$$3b^4 - 12d^2b^2 - 16t^2 = 0。$$

于是，利用二次方程的求根公式可得

$$b^2 = \frac{12d^2 \pm \sqrt{144d^4 + 192t^2}}{6} = 2d^2 \pm \sqrt{4d^4 + \frac{16}{3}t^2}。$$

由于 b 是正数，于是有

$$b = \sqrt{2d^2 + \sqrt{4d^4 + \frac{16}{3}t^2}}。$$

　　为了验证这个结果，可以证明当 $d = 0$ 时，上式就等于前面计算得到的 $b = 2t^{1/2}/3^{1/4}$。只要算出三条边长 $b - d$、b 以及 $b + d$ 的值，三角形的角度 α、β 和 γ 就可以利用余弦法则求出，这样就完成了对整个题目的求解！

第 2 章

数论中的例子

奇数拥有神奇的力量，它能够占卜生死和机缘。

—— 威廉·莎士比亚,《温莎的风流娘儿们》

　　或许数论并没有那么神奇，但它依然保持着一种神秘性。数论并不像代数学那样以等式的运算定律为基础，它的结论更像是从一些未知的源头中推导出来的。例如，**拉格朗日定理**（最初是由费马提出的一个猜想）描述了：每一个正整数都是 4 个完全平方数之和（如 $30 = 4^2 + 3^2 + 2^2 + 1^2$）。从代数学的角度来说，我们所讨论的是一个极其简单的方程，但因为讨论的对象被限制在整数范围内，所以代数法则在这里就不起作用了。令人气愤的是，虽然这个结果看起来很直观，并且数值实验也表明了该结果好像的确成立，但我们却解释不了它为什么成立。实际上，拉格朗日定理无法用本书中的一些初等方法进行简单地证明，对它的证明要用到高斯整数或类似的知识。

　　然而，其他一些问题就没那么深奥了。下面给出一些简单的例子，每个例子都包含一个自然数 n。

　　(a) n 的个位数总与它的五次方 n^5 相同。

　　(b) n 是 9 的倍数，当且仅当 n 所有位数上的数字之和是 9 的倍数。

　　(c) （威尔逊定理）$(n-1)! + 1$ 是 n 的倍数，当且仅当 n 是一个素数。

　　(d) 如果 k 是一个正奇数，那么 $1^k + 2^k + \cdots + n^k$ 能被

$n(n+1)/2$ 整除。

(e) 存在 4 个 n 位数（允许补充前导 0），它们满足：每个数的末 n 位数都恰好与其平方数的末 n 位数相同。例如，具有上述性质的 4 个三位数分别是 000、001、376 和 625。

这些命题都可以用初等数论的知识来证明，而且它们都以**模运算**的基本思想为核心。这将让你体会到代数的魅力，但却只限于有限个整数的情况。顺便说一下，试着去证明最后一个命题 (e) 将最终引入 "p 进" 的概念，这是一种无限维形式的模运算。

基础数论是数学中的一个独立部分，但源于整数和整除性这些基本概念的应用却十分广泛和强大。由整除性这一概念可以很自然地引入素数的概念，据此又可以进一步导出因式分解的详细性质，从而引出了 19 世纪后半叶的一个重大数学发现：素数定理。该定理更加精确地指出小于某个给定整数的素数一共有多少个。同时，利用整数运算的概念，可以把定义在整数集子集上的模运算推广到有限群、环和域的代数上。当 "数" 的概念被推广到无理根式、分裂域的元素以及复数上时，由模运算就可以导出代数数论。数论是支撑整个数学学科的奠基石之一，其自身当然也是非常有趣的。

在开始求解题目之前，先回顾一些基本概念。**自然数**就是正整数（不把 0 看作自然数）。自然数集用 **N** 来表示。**素数**是恰好有两个因数的自然数，并且这两个因数分别是 1 和其自身；我们不把 1 看作素数。给定两个自然数 m 和 n，如果它们只有 1 这个唯一的公因数，那么称 m 和 n 是**互素的**。

把符号 $x = y \pmod n$ 读作"x 等于 y 模 n"，它表示 x 和 y 相差一个 n 的倍数，比如 $15 = 65 \pmod{10}$。符号 $(\mathrm{mod}\, n)$ 意味着正在进行的模运算中模数 n 等同于 0。举个例子，模运算 $(\mathrm{mod}\, 10)$ 是以 $10 = 0$ 为前提的运算。因此，我们有 $65 = 15 + 10 + 10 + 10 + 10 + 10 = 15 + 0 + 0 + 0 + 0 + 0 = 15$ $(\mathrm{mod}\, 10)$。另外，模运算与标准的算术运算不同，它不涉及不等式，并且所有参与模运算的数都是整数。例如，$7/2 \neq 3.5 \pmod 5$，而是由 $7 = 12 \pmod 5$ 可得 $7/2 = 12/2 = 6$ $(\mathrm{mod}\, 5)$。这种迂回的除法运算看起来好像有些奇怪，但实际上可以发现，这样的做法并不会造成真正的矛盾，尽管有些除法运算是不允许的，就像在传统的实数运算中不允许"用 0 做除数"那样。一般情况下，如果分母与模数 n 是互素的，那么除法就是可行的。

2.1　位数

上文中提到过，把一个数所有位数上的数字相加将有助于了解该数的一些性质（特别有助于考察该数能否被 9 整除）。在高等数学中，这种运算其实并不是特别重要（与研究数的位数相比，直接考察数本身被证明是一种更高效的方法），但它在趣味数学中却是一种很常见的运算，有时甚至被赋予某种神秘的含义！当然，位数求和会经常出现在数学竞赛的题目中，比如下面这个问题。

问题 2.1（泰勒，1989，第 7 页） 证明：在任意 18 个连续的三位数中，至少存在一个整数能够被它所有位数上的数字之和整除。

这是一个有限的问题：因为三位数大概只有 900 个，所以从理论上来说，可以通过逐个验证每个三位数来解答这个问题。但现在来看一下是否能够找到一些减少工作量的方法。首先，本题的目标看起来好像有点奇怪：我们要找的是一个能被它所有位数上的数字之和整除的数。为了更容易处理这个问题，先把目标用数学公式表示出来。一个三位数可以写成 abc_{10} 的形式，其中 a、b 和 c 是各位数上的数字，而这种写法是为了避免与 abc 混淆。注意，$abc_{10} = 100a + 10b + c$，但 $abc = a \times b \times c$。如果用标准符号 $a|b$ 来表示命题"a 整除 b"，那么现在想要求解的就是

$$(a+b+c)|abc_{10}, \qquad (1)$$

其中，abc_{10} 是给定的 18 个连续整数中的一个。能否对这个式子进行简化、变形，或者采用某种方法使它变得更加有用？这是有可能的，但却并不能达到事半功倍的效果（例如，无法得

到一个直接把 a、b 和 c 关联起来的有用的等式）。实际上，即便把 abc_{10} 用 $100a + 10b + c$ 来代替，(1) 式仍然很难处理。下面来看一下能使 (1) 式成立的所有解 abc_{10}：

$100, 102, 108, 110, 111, 112, 114, 117, 120, 126, \cdots, 990, 999.$

这些数看起来是杂乱、随机的，但它们出现得非常频繁，这足以使任意 18 个连续的整数中都包含一个满足条件的解。那么 18 出现在这里的意义是什么？假如 18 并不是无关紧要的（或许只需要 13 个连续的整数就足够了，18 在这里只是一个干扰条件），那么 18 为什么出现在这里呢？可能有人会想到，位数之和与 9 之间存在着密切的联系（例如，一个数被 9 除之后所得的余数与该数所有位数上的数字之和被 9 除之后所得的余数相等），而 18 也与 9 有关，因此它们之间或许存在某种模糊的关联。然而连续的整数与整除性之间并没有什么关联。那么，为了解决这个问题，貌似不得不对这个问题进行重新表述，或者提出一个相关的问题。

如果把注意力集中在与数 9 有关的一些事上，那么就不难发现满足 (1) 式的绝大多数整数实际上都是 9 的倍数，或至少是 3 的倍数。事实上，在上面给出的那些数中，只有三个数是例外（100、110 和 112）；而且任意一个能够被 9 整除的数都能满足 (1) 式。因此，我们不试图去直接证明：

> 在任意 18 个连续的三位数中，至少存在一个整数满足 (1) 式。

而是去试着证明如下结论：

> 在任意 18 个连续的三位数中，存在一个既能被 9 整除，又满足 (1) 式的整数。

这种做法貌似"打破"了题目给出的信息（18 个连续的整数）与目标（一个满足 (1) 式的整数）之间的"坚冰"，因为在任意 18 个连续的整数中必定包含一个能被 9 整除的数（实际上，18 个连续的整数中含有 2 个能被 9 整除的数），而且从数值验证的结果以及数 9 的启发式性质中可以看出，能被 9 整除的数貌似都可以满足 (1) 式。这种"垫脚石"式的方法是把两个看似无关的命题联系起来的最好方式。

现在，这块特殊的"垫脚石"（考察能被 9 整除的数）的确可以发挥作用，但还需要做些额外的工作，从而能够涵盖所有的情形。事实上，一个更好的方法是考察能被 18 整除的数：

$$\boxed{18 \text{ 个连续的整数}} \Longrightarrow \boxed{\text{一个能被 18 整除的数}}$$
$$\Longrightarrow \boxed{(1) \text{ 式的一个解}}$$

之所以做出这种修改，有如下两方面原因。

- 在 18 个连续的整数中，总是恰好包含一个能被 18 整除的数, 同时又包含两个能被 9 整除的数。这样看起来, 考察能被 18 整除的数要比考察能被 9 整除的数更巧妙, 也更恰当。此外, 如果可以利用能被 9 整除的数来解决问题, 那么题目只需要给出"9 个连续的整数"这样的信息就可以了, 而不必是"18 个连续的整数"。

- 因为"能被 18 整除的数"是"能被 9 整除的数"的一种特殊情况, 所以相比之下, 证明"存在一个能被 18 整除, 同时又满足 (1) 式的整数"应该比证明"存在一个能被 9 整除, 同时又满足 (1) 式的整数"更容易一些。实际上, 正如我们所看到的那样, 能被 9 整除的数并不始终发挥其作用 (比如 909), 而能被 18 整除的数却总是有效的。

不管怎样, 数值验证表明了考察 18 的倍数似乎是可行的。但这是为什么呢？下面就以 18 的倍数 216 为例。216 所有位数上的数字之和是 9, 并且由 18 能整除 216 可知 9 也能整除 216。现在来考察另外一个例子: 882 能被 18 整除, 并且它所有位数上的数字之和是 18。因此, 882 显然可以被它所有位数上的数字之和整除。通过考察更多的例子我们可以看出, 对于任意一个能被 18 整除的数而言, 它所有位数上的数字之和总是 9 或者 18, 那么它自然就能被所有位数上的数字之和整除。由这些猜想可以导出下面的证明。

证明 在 18 个连续的整数中, 必定存在一个能被 18 整除的数, 我们把它记作 abc_{10}。因为 abc_{10} 也能被 9 整除, 所以

$a + b + c$ 一定能被 9 整除。(是否还记得关于 9 的整除法则? 一个数能被 9 整除, 当且仅当它所有位数上的数字之和能被 9 整除。) 由于 $a + b + c$ 在 1 和 27 之间取值, 于是 $a + b + c$ 必定是 9、18 或 27, 其中 $a + b + c$ 仅当 $abc_{10} = 999$ 时才等于 27, 而此时 abc_{10} 不能被 18 整除。因此, $a + b + c$ 只能是 9 或者 18, 于是有 $a + b + c | 18$。而根据定义可知 $18 | abc_{10}$, 那么就有 $a + b + c | abc_{10}$, 结论得证。　　　　□

请记住, 对于那些涉及整数位数的题目, 通常无法直接求出答案。应当把一个复杂的公式简化成某种较容易处理的形式。在这个题目中, 语句 "任意 18 个连续的整数中一定存在一个" 可以替换成 "任意一个能被 18 整除的数必定", 虽然后者的结论更弱一些, 但却更加简单而且与问题的相关性也更强(即与整除的相关性)。其实, 这是一种很好的尝试。另外还要记住, 对于有限类型的题目, 我们采用的策略与高等数学中的策略是不一样的。例如, 我们不认为公式

$$a + b + c | abc_{10}$$

是一个典型的数学问题(如模运算的相关应用), 但由于被考察的对象是三位数, 我们可以对 $a + b + c$ 设置取值范围(9、18 或 27), 这样问题就被简化成了

$$9 | abc_{10} \text{、} 18 | abc_{10} \text{ 或 } 27 | abc_{10} \text{。}$$

实际上从逻辑角度来说, 似乎应该先把 abc_{10} 扩展成代数形式

$100a + 10b + c$，但其实这种做法根本没有必要。这种代数形式只会造成干扰，并不会有助于题目的求解。

最后还有一点要注意：实际上，至少需要 18 个连续的数，才可以保证其中能找到一个满足 (1) 式的整数。17 个数是行不通的。例如，考察由 559 ~ 575 的整数所构成的一个序列（我使用计算机来验证这个例子，并没有采用多少数学技巧）。当然，从求解该题目的角度来说，没必要去了解这一事实。

习题 2.1　在一个室内游戏中，"魔术师"请一位参与者先想出一个三位数 abc_{10}。然后，魔术师让该参与者把 5 个数 acb_{10}、bac_{10}、bca_{10}、cab_{10} 和 cba_{10} 加起来，并告诉大家它们的和是多少。如果它们的和等于 3194，那么最初的 abc_{10} 是多少？（提示：首先用一个较好的数学形式来表示这 5 个数的和，然后利用模运算找到 a、b 和 c 的取值范围。）

问题 2.2（泰勒，1989，第 37 页）　是否存在一个 2 的方幂满足如下条件：对该数所有位数上的数字进行适当的重排列可以得到另一个 2 的方幂数（最高位上的数字不允许等于零。例如，不存在 0032 这样的数）。

这个问题看起来是一个无法解答的混合体：它涉及 2 的方幂以及位数的重排列。原因在于：

(a) 位数的重排列有太多可能的情况;

(b) 确定 2 的方幂各个位数上的数字并不是一件容易的事情。

这或许意味着我们需要采取一些不寻常的方法。

首先要做的事情就是猜测答案是什么。这个题目的出处(它来源于一次数学竞赛)表明了它并不是一个试错法类型的问题,因而问题的答案可能是"不存在"。(但另一方面,采用一些独特的精妙构造,或许可以实现一种巧妙的位数重排,但这种构造并不是轻易就能想到的。那么先从一些简单的方案展开猜测。如果你的猜测是正确的, 那么就节省了大量时间和力气来解题。但如果你的猜测是错误的,那么就注定你要进行长时间的艰苦摸索。这并不是说,你应当放弃那些有价值但却困难的解题方法,而是说在解题之前,你应当做一些理性的分析研究。)

就像问题 2.1 那样,题目中的位数实际上是用来转移我们注意力的。 在问题 2.1 中,我们只关心与位数上数字之和相关的两件事:第一件事是整除性条件; 第二件事是对取值范围的限制。我们并不想看到一个具体的等式所带来的各种复杂性。这里也是一样的道理:必须通过位数置换来简化这个问题。仅仅从逻辑的角度来看,所面临的情况会变得更加糟糕,这是因为必须证明更多的结论;但在清晰和简洁方面,我们却取得了进展。(为什么你要被那些无用的信息所累呢? 它们只会分散你的注意力。）

于是，只要可以找到 2 的方幂以及位数置换的主要性质，就有希望找到使两者产生矛盾的性质。现在首先来处理比较容易的 2 的方幂。它们是：

$$1, 2, 4, 8, 16, 32, 64, 128, 256, 512, 1024, 2048, 4096,$$

$$8192, 16384, 32768, 65536, \cdots$$

在这里，看不出与位数有关的太多性质。2 的方幂的最后一位数显然是偶数（除了 1），而其他位数上的数字看起来是相当随机的。以数 4096 为例，它有一位数是奇数，其余几位上是偶数，而且还包含了一个 0。是什么原因导致它不能经过位数的重排列变成另一个 2 的方幂数？比如，它能否通过位数重排列变成 $2^{4256} = 1523 \cdots 936$？你会回答：“当然不行！”但这是为什么呢？“因为它太大了！”那么这是否就意味着问题的答案与数的大小有关？“是的，2^{4256} 有数千位，而 4096 却只有四位数。”啊哈，所以位数的重排列并不会改变总的位数。（记录下任何一个对你解题有帮助的事实，即便它们是非常简单的结论。不要以为那些“显而易见”的事实总会在你需要的时候及时出现。埋藏在浅处的金子也要通过不断地寻找和挖掘才能得到。）

那么，根据这些少量的信息，能否继续进行概括推广呢？现在，我们推广后的问题如下。

> 是否存在一个 2 的方幂满足下列条件: 能够找到另一个与它位数相等的 2 的方幂数?

　　遗憾的是, 对于这个问题, 我们能很快地回答 "是"。例如, 2048 和 4096。由此可见, 推广得到的这个问题太宽泛了 (注意, 对这个问题的肯定回答不一定能够推出对原问题的肯定回答)。再回过头来看一下问题 2.1。只知道 "能被 18 整除的数所有位数上的数字之和一定能被 9 整除" 并不足以解答原问题。我们还需要另一个事实, 即 "三位数所有位数上的数字之和至多等于 27。" 简言之, 我们尚未找到足够多的事实来解决这个问题。当然, 由于限制了位数重排列的可能性, 我们已经取得了部分成功。再来看看 4096 这个例子。通过位数的重排列, 它只能变成另一个四位数。有多少个四位数是 2 的方幂呢? 只有四个 —— 1024、2048、4096 和 8192。这是因为 2 的方幂总是成倍地增加: 它们不可能在同一个 "数量级" 上停留太久。事实上, 很快将看到, 位数个数相等的 2 的方幂数不超过 4 个 (在 5 个连续的 2 的方幂中, 第五个数是第一个数的 16 倍, 因而第五个数的位数一定多于第一个数)。那么这就意味着, 对任意一个 2 的方幂进行位数的重排列, 至多能够得到 3 个与它不等的 2 的方幂。这样我们就取得了部分胜利: 对于任意一个 2 的方幂, 只需要排除 3 个或者更少的可能性，而不像之前那样需要排除无限多个可能性。通过开展一些额外的工作，或许还可以排除剩下的这些可能性。

我们已经说过，在进行位数置换时，置换后所得的数与原来的数具有同样多的位数。但反过来就完全不成立了。就位数置换的这个性质而言，其自身是无法独立解决问题的。这意味着我们的推广过于宽泛，从而使得问题更难以解决。重新来审视这个问题。进行位数置换时，某些其他性质也保留了下来。来看一些例子。因为我们已经对 4096 这个数进行过一些研究，所以现在仍旧考察 4096。对它进行位数置换后，所有可能的结果有

$$4069, 4096, 4609, 4690, 4906, 4960, 6049, 6094, 6409,$$

$$6490, 6904, 6940, 9046, 9064, 9406, 9460, 9604, 9640.$$

这些数有哪些共性？它们有相同的位数集合。这是一个很好的结论，但"位数集合"并不是一个非常有用的数学对象（使用这个概念的定理和工具并不是很多）。然而，"位数上的数字之和"却是一种更常用的工具。而且，如果两个数具有相同的位数集合，那么它们必定有相同的"位数上的数字之和"。于是得到另一个信息：位数置换保持"位数上的数字之和"不变。把这一信息与前面得到的信息结合起来，就得到了下面这个新问题。

> 是否存在一个 2 的方幂满足下列条件: 能够找到另一个与它位数相等, 并且与它所有位数上的数字之和也相等的 2 的方幂数?

同样地, 如果这个问题的答案是否定的, 那么原问题的答案也是否定的。这个问题处理起来要比原问题更加容易, 其原因在于 "位数的个数" 以及 "位数上的数字之和" 都是标准的数论语言。

牢记这个新概念, 我们来考察 2 的方幂所有位数上的数字之和, 因为这与新问题是有关的。列出下面这个表格。

2 的方幂	位数上的数字之和	2 的方幂	位数上的数字之和	2 的方幂	位数上的数字之和
1	1	256	13	65 536	25
2	2	512	8	131 072	14
4	4	1 024	7	262 144	19
8	8	2 048	14	524 288	29
16	7	4 096	19	1 048 576	31
32	5	8 192	20		
64	10	16 384	22		
128	11	32 768	26		

从这个表格中, 我们观察到以下两点。

- "位数上的数字之和" 通常是很小的。例如, 2^{17} 所有位数上的数字之和只不过是 14。但这实际上并不是一件幸运的事。因为与较大的数相比，较小的数更容易找到与其相等的数。[如果让 10 人中的每个人都随机选取一个两位数，那么在他们所选取的数中，有相当大的机会（9.5%）出现两个相等的数；但如果每个人选取的都是 10 位数，那么出现相等数的概率只有百万分之一，这与中彩票的概率一样低。] 然而，较小的数有助于我们找到规律，所以这或许并非完全是坏消息。

- 有些"位数上的数字之和"是相等的，例如 16 和 1024。不过"位数上的数字之和"看起来好像是在慢慢地增大：你可以设想一下，一个 100 位的 2 的方幂与一个 10 位的 2 的方幂相比，前者所有位数上的数字之和要大于后者。但同时还要记住，我们考虑的是具有相同位数的 2 的方幂，因此这种思路并没有多大帮助。

经过观察，可以得到这样的结论："位数上的数字之和"具有一种容易理解的宏观结构 [伴随着 n 的增加在慢慢增大；对于取值较大的 n，则 2^n 所有位数上的数字之和实际上很有可能接近于 $(4.5 \log_{10} 2)n \approx 1.355n$（尽管这尚未被证明）]，但它还有一个糟糕的微观结构，那就是数值波动过大。在前文中曾经提到过，"位数集合"这个概念并不常用；但现在看来，"位数上的数字之和"好像也没有显示出多大的效果。那么是否存在另一种简化这个问题的思路，能使该问题真正得以解决？

我们曾说过"位数上的数字之和"是一种"常用的数学工

具",之前的那个问题就是一个例子。但唯一能使"位数上的数字之和"被看作真正"主流工具"的方法是,考虑模 9 的"位数上的数字之和"。我们或许会想到,在问题 2.1 中,一个整数与它所有位数上的数字之和模 9 相等。例如,由于 10 等于 1 (mod 9),

$$3297 = 3 \times 10^3 + 2 \times 10^2 + 9 \times 10^1 + 7 \times 10^0 \quad (\text{mod } 9)$$

$$= 3 \times 1^3 + 2 \times 1^2 + 9 \times 1^1 + 7 \times 1^1 \quad (\text{mod } 9)$$

$$= 3 + 2 + 9 + 7 \quad (\text{mod } 9)。$$

因此,得到下面这个修改后的新问题。

> 是否存在一个 2 的方幂满足下列条件:能够找到另一个与它位数相等,并且与它所有位数上的数字之和模 9 也相等的 2 的方幂数?

根据"一个整数与它所有位数上的数字之和模 9 相等"这一事实,现在可以重新叙述上面的问题。

> 是否存在一个 2 的方幂满足下列条件:能够找到另一个与它位数相等,并且与它模 9 所得余数也相等的 2 的方幂数?

注意,我们根本没用到"位数的重排列""位数集合"以及"位数上的数字之和"这几个麻烦的概念,解决问题有希望了。

现在修改之前有关"2 的方幂所有位数上的数字之和"的表格，看看能得到什么信息。

2 的方幂	模 9 的余数	2 的方幂	模 9 的余数	2 的方幂	模 9 的余数
1	1	256	4	65 536	7
2	2	512	8	131 072	5
4	4	1 024	7	262 144	1
8	8	2 048	5	524 288	2
16	7	4 096	1	1 048 576	4
32	5	8 192	2		
64	1	16 384	4		
128	2	32 768	8		

我们要证明的是：对于任意两个 2 的方幂，它们不可能既有相同的位数，又有相等的模 9 余数。那么从这个表格中可以看出，存在若干个 2 的方幂具有相等的模 9 余数，例如 1、64、4096 和 262 144。但这四个数的位数并不相等。事实上，那些具有相等的模 9 余数的 2 的方幂彼此相距较远，因而它们不可能有相同的位数。实际上，具有相等的模 9 余数的 2 的方幂看起来排列得非常有规律。我们能很快地观察到，同一个模 9 余数每经过 6 步就会出现一次。利用模运算能够容易地证明这个猜想：

$$2^{n+6} = 2^n 2^6 = 2^n \times 64 = 2^n \pmod 9,$$

其中 $64 = 1 \pmod 9$。上面这个结果表明了，2 的方幂的模 9 余数会无限循环地重复下去，就像循环小数一样：$1, 2, 4, 8, 7, 5, 1,$

$2, 4, 8, 7, 5, 1, 2, 4, 8, 7, 5, \cdots$。这又进一步说明了，对于任意两个
2 的方幂，如果它们所有位数上的数字之和模 9 相等，那么它
们一定相差至少 6 步，因此这两个数至少相差了 64 倍，于是
它们的位数不可能相等。因此，任意两个 2 的方幂不可能同时
具有相同的位数以及相等的模 9 数字之和。这样就完成了对
修改后的问题的证明，现在就可以反推回去直到对原问题做
出解答，并把解题过程完整地写出来。

证明　假设存在两个 2 的方幂，满足其中一个数可以通过位
数置换得到另一个数。这表明两者具有相同的位数，并且它们
所有位数上的数字之和模 9 相等。但是，模 9 的数字之和是
周期为 6 的一列数，并且在任意给定的周期内数字不会重复
出现，那么这两个 2 的方幂至少相差了 6 步，从而不可能有
相同的位数，而这与假设相矛盾。　　　　　　　　　　□

　　通过对问题进行不断的简化，我们把一些无用的、使用起
来不方便的信息替换成更自然、更灵活以及更便于我们使用
的概念。这个简化过程或许具有一定的偶然性；其中总会存在
一些过度简化或简化不当（简化成一些无关紧要的信息）的风
险。但就这个问题而言，几乎任何一种处理方法都优于尝试进
行位数置换，所以整个简化过程并没有太大的风险。有时调整
和简化可能会让你劳而无功，但在你真的束手无策时，任何方
法都不妨去试一试。

2.2　丢番图方程

丢番图方程是一类代数方程（一个典型的例子是 $a^2+b^2 = c^2$），其中所有的变量都被限定为整数。通常的目标是找到这类方程的所有解。在一般情况下，即便所有的变量都被限定在整数范围内，方程也会存在多个解。这类方程可以使用代数方法来求解，还可以利用数论中的整数除法、模运算以及整数的因式分解法来解答。下面给出一个例子。

问题 2.3（澳大利亚数学竞赛，1987，第 15 页）　对于给定的非零整数 a 和 $b(a+b \neq 0)$，找出满足方程 $1/a+1/b = n/(a+b)$ 的所有整数 n。

这个问题看起来像是一个标准的丢番图方程，所以可以先用乘法进行通分，于是得到

$$(a+b)/ab = n/(a+b),$$

从而有

$$(a+b)^2 = nab。 \qquad (2)$$

那么接下来该怎么做？可以略去 n，得到

$$ab|(a+b)^2$$

（这里使用了曾在问题 2.1 中用到的整除符号 |）或者尝试集

中考虑 nab 是个平方数这一事实。这些都是非常好的技巧，但对求解这个问题好像并没有多大帮助。(2) 式等号的左端和右端并没有非常紧密的联系：左端是一个平方数，而右端却是乘积的形式。

在求解问题的过程中，要始终记住：暂时放弃那些有趣但无效的方法，而应当尝试一些对问题求解更有帮助的思路。可以尝试用代数方法来寻找问题的突破口；如果不成功的话，那就试着使用数论的知识来求解。把 (2) 式展开，然后合并同类项可得

$$a^2 + (2 - n)ab + b^2 = 0。$$

如果大胆地使用二次方程求根公式，那么就能得到

$$a = \frac{b}{2} \left[(n - 2) \pm \sqrt{(n - 2)^2 - 4} \right]。$$

这个式子看起来相当繁琐，但实际上可以对其充分地加以利用。我们知道 a、b 和 n 都是整数，并且上式中还包含了一个平方根。另外，只有当根号里的项 $(n - 2)^2 - 4$ 是一个完全平方数时，这个式子才是有意义的。而这意味着一个平方数减去 4 之后仍然是个平方数。这是一个非常严格的限制条件。因为除了最初的几个平方数之外，任意两个平方数之差都比 4 大，所以只需要验证取值较小的 n 就可以了。通过验证可以发现 $(n - 2)^2$ 一定等于 4，从而 n 是 0 或 4。下面对这两种情形分

别进行讨论，并对每一种情形给出相应的解，或者证明解不存在。

情形 1：$n = 0$。把 $n = 0$ 代入 (2) 式可得 $(a+b)^2 = 0$，从而 $a+b = 0$。但此时在原方程中就出现了无效的 $0/0$，因此 n 不可能等于 0。

情形 2：$n = 4$。按照同样的方法，把 $n = 4$ 代回 (2) 式可得 $(a+b)^2 = 4ab$，对它进行整理后有 $a^2 - 2ab + b^2 = 0$。对该式进行因式分解得到 $(a-b)^2 = 0$，于是 a 必定等于 b。这并不会导致矛盾产生，而是得到了一个解：当令 (2) 式中的 $a = b$、$n = 4$ 时，原方程成立。

所以答案是 $n = 4$，但这个结果是通过使用相当繁琐的二次方程求根公式得到的。通常情况下，这种方法使用起来并不太灵活，但是因为它引入了平方根项，而该项要求根号里的内容必须是一个完全平方数，所以这个方法有时也能派上用场。

在丢番图问题中，如果有一个变量出现在指数位置上，那么对这个问题的求解就会变得极其困难。最著名的例子就是"费马大定理"，它断定了方程 $a^n + b^n = c^n$（其中 $n > 2$）不存在自然数解。幸运的是，还有一些涉及指数的问题能够容易地求解出来。

问题 2.4（泰勒，1989，第 7 页）　求出满足方程 $2^n + 7 = x^2$ 的所有解，其中 n 和 x 都是整数。

事实上，这类问题通常要经过不断试错才能找到正确答案。就丢番图方程而言，最初等的求解方法是模运算和因式分解。模运算能把整个方程转化成一个恰当的模关系式，它有时取常数为模（例如 $(\bmod 7)$ 或 $(\bmod 16)$），有时取变量为模（例如 $(\bmod pq)$）。因式分解可以把原问题转化成形如（因子）×（因子）=（容易求解的形式）的问题，其中等号右端可能是一个常数（这是最理想的结果）、素数、平方数或者某种所包含的因子只有有限种可能的其他形式。例如，在问题2.3中，我们首先想到的就是使用上面这两种方法，但最终更倾向于用代数方法来求解，而这种代数方法实际上就是经过伪装的因式分解技巧。（是否还记得我们最终得到了 $(n-2)^2 - 4 =$（平方数）？）

其实，最好能先试一试那些初等方法，这样可以避免走更多的弯路。也可以放弃这些方法，尝试分析下面这个近似方程

$$x = \sqrt{2^n + 7} \approx 2^{n/2}。$$

这个式子涉及一些更高深的数论知识，比如连分式、佩尔方程以及递归关系。它的确可以解决问题，但我们希望能找到一个优美（即省事）的解法。

只有当 n 是偶数时，才有可能得到有用的因式分解。于是，考虑如下两个平方数的差（这是丢番图方程中的一种至关重要的因式分解技巧）：

$$7 = x^2 - 2^n = (x - 2^m)(x + 2^m),$$

其中 $m = n/2$。那么可以说 $x - 2^m$ 和 $x + 2^m$ 都是 7 的因子，从而它们一定是 -7、-1 或 1、7。通过进一步分情况讨论可知，方程无解（如果假设 n 是偶数的话）。然而，这只不过是因式分解提供的信息。它并没有告诉我们真正的解是什么以及到底有多少个解（尽管我们现在能够确定 n 一定是奇数）。

接下来考虑模运算。这种方法的策略是，用模来消去一项或更多项。例如，可以把原方程写成模 x 的形式

$$2^n + 7 = 0 \pmod{x}$$

或模 7 的形式

$$2^n = x^2 \pmod{7}.$$

遗憾的是，这些方法并没有发挥多少作用。然而，在放弃模运算这个方法之前，还有一个模数可以试一试。之前试图消掉 7 和 x^2 这两项，那么现在能否考虑消去 2^n 这项呢？当然可以，把 2 作为模数就可以了。于是，当 $n > 0$ 时，有

$$0 + 7 = x^2 \pmod{2},$$

而当 $n = 0$ 时有

$$1 + 7 = x^2 \pmod{2}。$$

这种做法还是挺好的，因为几乎消掉了包含 n 的项。但问题仍旧无法解答，因为等号右端 x^2 的取值可能是 0 或者 1，所以

目前还没有真正排除所有可能的情况。为了限制 x^2 的取值，必须选取一个不同的模数。按照这种思路（限制等号右端的取值），我们考虑使用模 4 来代替模 2：

$$2^n + 7 = x^2 \pmod 4。$$

换句话说，我们有

$$0 + 3 = x^2 \pmod 4 \quad 若 n > 1, \tag{3}$$

$$2 + 3 = x^2 \pmod 4 \quad 若 n = 1, \tag{4}$$

$$1 + 3 = x^2 \pmod 4 \quad 若 n = 0。 \tag{5}$$

因为 x^2 一定等于 0 (mod 4) 或 1 (mod 4)，所以 (3) 式被排除。这意味着 n 的值只能取 0 或 1。通过简单的验证可知，只有 $n = 1$ 成立，并且 x 一定是 $+3$ 或 -3。

在解答形如"求出所有解"这一类的丢番图方程时，主要的思路是：排除有限种可能性之外的所有情况。这也是 (mod 7) 和 (mod x) 行不通的另一个原因；如果它们行得通，那么所有的情况都将被排除。而在使用 (mod 4) 时，我们排除了绝大多数情况，但同时会留下几种可能的情形。

习题 2.2 找到能使 $n + 10$ 整除 $n^3 + 100$ 的最大正整数 n。（提示：使用 (mod $n+10$)。根据 $n = -10 \pmod{n+10}$ 这一事实来消掉 n。）

2.3 幂和

> **问题 2.5**（哈约什等，1963，第 74 页）　证明对于任意的非负整数 n，数 $1^n + 2^n + 3^n + 4^n$ 能被 5 整除当且仅当 n 不能被 4 整除。

这个问题乍看起来有点让人胆怯：上面这样的式子可能会让你想起著名的费马大定理，而该定理正是因为难解而著称。但现在面临的这个问题要简单许多。我们希望证明某个特定的数能（或不能）被 5 整除。除非能明显地看出可以直接利用因式分解法，否则就必须使用模运算的方法。（也就是要证明，对于任意一个不能被 4 整除的 n 均有 $1^n + 2^n + 3^n + 4^n = 0 \pmod 5$；同时还要证明，如果 n 能被 4 整除，那么 $1^n + 2^n + 3^n + 4^n \neq 0 \pmod 5$。）

因为这里使用的数字都比较小，所以可以手工计算 $1^n + 2^n + 3^n + 4^n \pmod 5$ 中的某些值。最好的方法是，先分别求出 $1^n \pmod 5$、$2^n \pmod 5$、$3^n \pmod 5$ 和 $4^n \pmod 5$，然后再把它们加起来。

$$(\bmod\ 5)$$

n	1^n	2^n	3^n	4^n	$1^n + 2^n + 3^n + 4^n$
0	1	1	1	1	4
1	1	2	3	4	0

(续)

n	1^n	2^n	3^n	4^n	$1^n + 2^n + 3^n + 4^n$
2	1	4	4	1	0
3	1	3	2	4	0
4	1	1	1	1	4
5	1	2	3	4	0
6	1	4	4	1	0
7	1	3	2	4	0
8	1	1	1	1	4

通过观察可知，上面这个表格显然存在某种周期性。实际上，1^n、2^n、3^n 和 4^n 的取值都以 4 为周期。为了证明这个猜想，只要使用周期性的定义就可以了。

用 3^n 来举例说明。说 3^n 以 4 为周期就意味着

$$3^{n+4} = 3^n \pmod 5.$$

可以容易地证明这个结果。由于 $81 = 1 \pmod 5$，于是有

$$3^{n+4} = 3^n \times 81 = 3^n \pmod 5.$$

类似地，可以证明 1^n、2^n 和 4^n 都以 4 为周期。这表明了 $1^n + 2^n + 3^n + 4^n$ 的周期也是 4。那么只需要对 $n = 1, 2, 3, 4$ 时的题目进行证明就可以了，因为由周期性可以推导出所有其他情形。而我们已经证明了问题的结论在 $n = 1, 2, 3, 4$ 时是成立的（参见上面的表格），于是就完成了证明。（顺便说一下，如果假设 n 是奇数，那么还可以采用另一种更初等的方法来

解题：对某些项进行简单的配对和抵消。）

如果要证明的方程中包含一个参数（在本题中是 n），那么周期性总会成为一种便捷的解题工具。因为在这种情况下，我们不必验证参数的所有可能取值，而只需对一个周期内（例如，$n = 0, 1, 2, 3$）的取值进行验证就足够了。

习题 2.3　证明如果 x 和 y 都是整数，那么方程 $x^4 + 131 = 3y^4$ 无解。

接下来转向一个有关幂和的更棘手的问题。

问题 2.6（Shklarsky 等，1962，第 14 页）(**)　设 k 和 n 都是自然数，并且 k 是奇数。证明和式 $1^k + 2^k + \cdots + n^k$ 能被 $1 + 2 + \cdots + n$ 整除。

顺便说一下，这个问题是关于伯努利多项式的一个典型习题（或是余数定理的某些巧妙应用）。伯努利多项式是数学中一个很有趣的部分，它有很多方面的应用。如果没有伯努利多项式（或黎曼 ζ 函数）这样的有效工具，那么我们就不得不去使用朴素而又古老的数论知识。

首先，我们知道 $1 + 2 + \cdots + n$ 还可以写成 $n(n+1)/2$ 的形式。那么应当使用哪种形式呢？前一种形式更具有美感，但在整除性问题中却没什么用处。（如果把除数表示为乘积的形式，那么使用起来总是比把除数写成和式要方便些。）如果

可以把 $1^k + 2^k + \cdots + n^k$ 因式分解成包含 $1 + 2 + \cdots + n$ 的项,那么前一种形式或许还有些用处。然而这样的分解并不存在(至少不是那么显然)。如果"能被 $1 + 2 + \cdots + n$ 整除"与"能被 $1 + 2 + \cdots + (n+1)$ 整除"之间存在某种关联,那么归纳法或许是一种可行的办法,但这种可能性也不大。因此选择使用 $n(n+1)/2$ 的形式。

于是,我们的目标可以用模运算(模运算是证明一个数能整除另一个数的最灵活的方法)表示为证明

$$1^k + 2^k + \cdots + n^k = 0 \pmod{n(n+1)/2}。$$

现在暂时忽略 $n(n+1)/2$ 中的 2。接下来尝试证明具有如下形式的命题

$$(因子\ 1) \times (因子\ 2)|(表达式)。$$

如果这两个因子是互素的,那么我们的目标就等价于分别证明

$$(因子\ 1)|(表达式) \text{ 和} (因子\ 2)|(表达式)。$$

这样就使证明变得更加简单:当除数较小时,对整除性的证明就更容易。可是,这里还有一个惹人厌的 2。为了解决它,把 n 分成偶数和奇数这两种情况分别进行讨论[1]。由于上述两种

---

[1] 另一种方法是对等号两端同时乘以 2,这样要证明的就是 $2(1^k + 2^k + \cdots + n^k) = 0 \pmod{n(n+1)}$。接下来的讨论与本书后文中给出的方法基本等价。

情况非常相似，我们只讨论 n 为偶数时的情况。此时可以把 n 记作 $n = 2m$（这样就可以避免在下面的等式中引入会混淆视听的"$n/2$"项——这些简单的整理工作将对顺利求解有所帮助）。把所有的 n 都替换成 $2m$，那么我们要证明的就是

$$1^k + 2^k + \cdots + (2m)^k = 0 \pmod{m(2m+1)},$$

又因为 m 和 $2m + 1$ 是互素的，所以上式就等价于

$$1^k + 2^k + \cdots + (2m)^k = 0 \pmod{2m+1}$$

并且

$$1^k + 2^k + \cdots + (2m)^k = 0 \pmod{m}。$$

先来证明关于 $\pmod{2m+1}$ 的部分。该部分与问题 2.5 十分相似，但因为这里的 k 是奇数，所以相比而言更容易证明。当模为 $2m + 1$ 时，$2m$ 等价于 -1，$2m - 1$ 等价于 -2，依此类推。于是表达式 $1^k + 2^k + \cdots + (2m)^k$ 就变成了

$$1^k + 2^k + \cdots + (m)^k + (-m)^k + \cdots + (-2)^k + (-1)^k \pmod{2m+1}。$$

这样做的原因是为了抵消其中的某些项。由于 k 是奇数，那么 $(-1)^k$ 等于 -1。于是 $(-a)^k = -a^k$。据此，上面和式中的一些项就可以成对地消掉：2^k 和 $(-2)^k$ 相互抵消，3^k 和 $(-3)^k$ 相互抵消，等等。最终只剩下我们想要的 $0 \pmod{2m+1}$。

现在来处理有关 $(\mathrm{mod}\ m)$ 的部分；也就是说，我们要证明的是

$$1^k + 2^k + 3^k + \cdots + (m-1)^k + (m)^k + (m+1)^k$$
$$+ \cdots + (2m-1)^k + (2m)^k = 0 \quad (\mathrm{mod}\ m)。$$

由于所做的是模 m 的运算，上式中的某些项可以被简化。m 和 $2m$ 都等价于 $0\ (\mathrm{mod}\ m)$，$m+1$ 等价于 1，且 $m+2$ 等价于 2，依此类推。因此，上述和式可以被简化为

$$1^k + 2^k + 3^k + \cdots + (m-1)^k + 0^k + 1^k + \cdots + (m-1)^k + 0^k \quad (\mathrm{mod}\ m)。$$

而其中有些项出现了两次，于是经过合并同类项（并舍弃 0），得到

$$2(1^k + 2^k + 3^k + \cdots + (m-1)^k) \quad (\mathrm{mod}\ m)。$$

那么接下来的处理几乎与处理 $(\mathrm{mod}\ 2m+1)$ 时完全相同，但当 m 取偶数时会出现一些小麻烦。如果 m 是奇数，可以把上面这个表达式重新改写为

$$2(1^k + 2^k + 3^k + \cdots + ((m-1)/2)^k + (-(m-1)/2)^k$$
$$+ \cdots + (-2)^k + (-1)^k) \quad (\mathrm{mod}\ m),$$

进而可以像前面那样做同样的抵消处理。但当 m 是偶数时（也就是令 $m = 2p$），则存在一个中间项 p^k，它不与任何项抵消。换句话说，此时表达式无法立刻变成 0，而是变成

$$2p^k \pmod{2p},$$

而该式显然就等于 0。因此当 n 为偶数时，无论 m 是奇数还是偶数，我们都已经证明了 $1^k + 2^k + 3^k + \cdots + n^k$ 能被 $n(n+1)/2$ 整除。

习题 2.4　当 n 为奇数时，给出上述问题的完整证明。

现在考虑一类特殊的"幂和"问题，即倒数之和。

问题 2.7（Shklarsky 等，1962，第 17 页）　设 p 是一个大于 3 的素数。证明分数

$$1/1 + 1/2 + 1/3 + \cdots + 1/(p-1)$$

的既约分子能被 p^2 整除。例如，如果 p 等于 5，那么分数 $1/1 + 1/2 + 1/3 + 1/4 = 25/12$ 的既约分子显然能被 5^2 整除。

这是一个"证明 ……"的问题，而非"求 …… 的值"或"是否存在 ……"的问题，所以这类问题的结论并不是完全不可能成立的。然而，我们要证明的是与既约分数的分子有关的问题，这类问题并不容易处理! 该分子需要被转化成某种更加标准的形式，譬如一个代数表达式，这样就可以更方便地处理它。另外，这个问题涉及的内容并不仅仅是被素数整除，它还会用到被素数的平方整除。这将使问题的难度大幅度提

高。我们希望找到一种方法把问题简化成只与素数整除性有关，从而使问题更容易求解。

通过对问题的观察，我们确定了下列几个目标。

(a) 把分子写成一个数学表达式，从而能够对它进行处理。

(b) 试着把这个关于 p^2 整除性的问题转化成某种更简单的题目，比如 p 整除性问题。

先来处理目标 (a)。首先，我们能容易地取得一个分子，但该分子并不一定是个既约分子。把所有相加的分数进行通分后，我们就得到了

$$\frac{(2 \times 3 \times \cdots \times (p-1) + 1 \times 3 \times \cdots \times (p-1) + \cdots}{(p-1)!}$$
$$+ 1 \times 2 \times 3 \times \cdots \times (p-2))$$

假设现在能够证明上式中的分子能被 p^2 整除。那么该如何证明这个式子的既约分子也能被 p^2 整除？什么是既约分子呢？它是通过对原来的分子和分母进行约分得到的。约分是否会破坏 p^2 整除性呢？如果 p 的某个倍数被约掉，那么答案就是肯定的。不过分母与 p 是互素的，因此 p 的倍数不可能被约掉。（p 是素数，而且 $(p-1)!$ 可以表示成若干个比 p 小的数的乘积。）啊哈！这就意味着只需要证明上式中那个冗长的分子能被 p^2 整除就可以了。这比取其他形式的分子更好，因为现

在我们要证明的是下面这个等式：

$$2 \times 3 \times \cdots \times (p-1) + 1 \times 3 \times \cdots \times (p-1) + \cdots$$
$$+ 1 \times 2 \times 3 \times \cdots \times (p-2) = 0 \pmod{p^2}。$$

（此时再次转向了模运算，而模运算通常是证明一个数能整除另一个数的最好方法。然而，如果问题涉及多个整除性，比如题目涉及能整除某个特定数的全体整数，那么采用其他技巧有时会更好。）

　　尽管得到了一个等式，但这个等式却相当复杂。接下来要做的就是简化它。等号的左端是由不定乘积构成的一个不定和（此处"不定"的意思仅仅是指表达式中存在"…"）。但是可以把不定乘积的形式表达得更清楚。每个不定乘积都是由 1 和 $(p-1)$ 之间所有不等于 i 的整数相乘得到的，而 i 是取值在 1 和 $p-1$ 之间的某个整数。这个不定乘积可以写成更紧凑的形式 $(p-1)!/i$。又因为 i 和 p^2 是互素的，所以在模 p^2 的前提下，上式可以写成用 i 做除数的形式。于是我们的目标就变成了证明等式

$$\frac{(p-1)!}{1} + \frac{(p-1)!}{2} + \frac{(p-1)!}{3} + \cdots + \frac{(p-1)!}{p-1} = 0 \pmod{p^2}。$$

通过因式分解，得到

$$(p-1)! \left[\frac{1}{1} + \frac{1}{2} + \frac{1}{3} + \cdots + \frac{1}{p-1} \right] = 0 \pmod{p^2}。 \qquad (6)$$

（记住，我们正在处理的是模运算，因此像 1/2 这样的数会等价于一个整数。例如，$1/2 = 6/2 = 3 \pmod 5$。）

现在得到了具有如下形式的等式：

$$(因子) \times (因子) = 0 \pmod{p^2}.$$

如果正在进行的不是模运算，那么上式中就有一个因子为 0。在模运算中几乎可以得到同样的结论，但必须要更加小心一些。幸运的是，第一个因子 $(p-1)!$ 与 p^2 互素（因为 $(p-1)!$ 与 p 是互素的），那么就可以把 $(p-1)!$ 消掉。于是(6) 式就等价于

$$\frac{1}{1} + \frac{1}{2} + \frac{1}{3} + \cdots + \frac{1}{p-1} = 0 \pmod{p^2}.$$

（请注意，这个式子看起来与原问题非常类似，唯一的区别就在于我们考虑的是整个分数，而不只是它的分子。我们不能不假思索地从一种形式直接跳到另一种形式。上面这些复杂的推导过程是很有必要的。）

现在已经把问题简化成证明一个形式上相当优美的模运算等式。接下来该怎么做呢？通过例子来阐述或许会有些帮助。考察题目中已经给出的这个例子，即 $p = 5$ 的情形。此时能得到想要的

$$\frac{1}{1} + \frac{1}{2} + \frac{1}{3} + \frac{1}{4} = 1 + 13 + 17 + 19 \pmod{25} = 0 \pmod{25},$$

但上式成立的原因是什么呢? 整数 1、13、17 和 19 看起来是随机的, 但将它们相加之后却"神奇"地得到了我们想要的结果。这或许只是一种巧合罢了。那么再试一下 $p = 7$ 时的情形:

$$\frac{1}{1} + \frac{1}{2} + \frac{1}{3} + \frac{1}{4} + \frac{1}{5} + \frac{1}{6} = 1 + 25 + 33 + 37 + 10 + 41 \pmod{49}$$

$$= 0 \pmod{49}。$$

"好运"再次降临。为什么会出现这样的结果? 我们并不清楚等号左端的每一项在模 p^2 时是如何被消掉的。但是牢记目标 (b), 或许可以先证明模 p 时的结论, 也就是证明

$$\frac{1}{1} + \frac{1}{2} + \frac{1}{3} + \cdots + \frac{1}{p-1} = 0 \pmod{p}。 \tag{7}$$

即使得不到有用的信息, 这也不失为一种好的尝试。(此外, 如果解决不了模 p 的情形, 那么也不可能求解出模 p^2 时的问题。)

实际上, 证明等式(7) 会更容易些。例如, 当 $p = 5$ 时, 有

$$\frac{1}{1} + \frac{1}{2} + \frac{1}{3} + \frac{1}{4} = 1 + 3 + 2 + 4 \pmod{5}$$

$$= 0 \pmod{5};$$

而当 $p = 7$ 时, 有

$$\frac{1}{1} + \frac{1}{2} + \frac{1}{3} + \frac{1}{4} + \frac{1}{5} + \frac{1}{6} \pmod{7}$$

$$= 1 + 4 + 5 + 2 + 3 + 6 \pmod{7}$$

$$= 1 + 2 + 3 + 4 + 5 + 6 \pmod 7$$

$$= 0 \pmod 7。$$

此时可以看到一种规律：倒数 $1/1, 1/2, \cdots, 1/(p-1) \pmod p$ 貌似恰好分别覆盖全体余数 $1, 2, \cdots, (p-1) \pmod p$。例如，在上述 $p = 7$ 的等式中，数 $1 + 4 + 5 + 2 + 3 + 6$ 能够重新排列成 $1 + 2 + 3 + 4 + 5 + 6$ 的形式，并且模 7 时它等于 0。再来验证一个更大模数的例子，当模数取 11 时可以得到

$$\frac{1}{1} + \frac{1}{2} + \cdots + \frac{1}{11}$$

$$= 1 + 6 + 4 + 3 + 9 + 2 + 8 + 7 + 5 + 10 \pmod{11}$$

$$= 1 + 2 + 3 + 4 + 5 + 6 + 7 + 8 + 9 + 10 \pmod{11}$$

$$= 0。$$

这个技巧说明了，通过把倒数重新排列成这种有序的形式，可以巧妙地解决 $\pmod p$ 的问题，但它并不能轻易地推广到 $\pmod{p^2}$ 的情形。与其费力地把一块方积木塞进一个圆形洞里（尽管你卯足了劲也能把它塞进去），倒不如去寻找一块更圆的积木。因此，我们现在要做的就是寻找另一种证明事实 $1/1 + 1/2 + 1/3 + \cdots + 1/(p-1) = 0 \pmod p$ 的方法，而这种方法至少应该可以部分地推广到 $\pmod{p^2}$ 的情形。

现在是时候来使用解决这类问题时所积累的经验了。譬如，在求解问题 2.6 的过程中，我们得知对称性或者反对称性

可能会派上用场,尤其是在模运算中。于是在证明(7) 式时,通过把 $p-1$ 替换成 -1,把 $p-2$ 替换成 -2,依此类推,可以让和式变得更具反对称性,从而得到

$$\frac{1}{1} + \frac{1}{2} + \frac{1}{3} + \cdots + \frac{1}{p-1}$$

$$= \frac{1}{1} + \frac{1}{2} + \frac{1}{3} + \cdots + \frac{1}{-3} + \frac{1}{-2} + \frac{1}{-1} \pmod{p}。$$

现在,上式中的各项可以轻易地成对抵消(因为 p 是一个奇素数,所以不存在无法配对抵消的"中间项")。那么对于 $\pmod{p^2}$ 的情形,能否采用同样的做法?

答案是"差不多"。当解决 $\pmod{p}$ 的问题时,把 $1/1$ 和 $1/(p-1)$ 配对抵消,把 $1/2$ 和 $1/(p-2)$ 配对抵消,等等。如果 $\pmod{p^2}$ 时尝试同样的配对方法,那么就会得到

$$\frac{1}{1} + \frac{1}{2} + \cdots + \frac{1}{p-1}$$

$$= \left(\frac{1}{1} + \frac{1}{p-1}\right) + \left(\frac{1}{2} + \frac{1}{p-2}\right) + \cdots$$

$$+ \left(\frac{1}{(p-1)/2} + \frac{1}{(p+1)/2}\right)$$

$$= \frac{p}{1 \times (p-1)} + \frac{p}{2 \times (p-2)} + \cdots + \frac{p}{(p-1)/2 \times (p+1)/2}$$

$$= p\left[\frac{1}{1 \times (p-1)} + \frac{1}{2 \times (p-2)} + \cdots \right.$$

$$\left. + \frac{1}{(p-1)/2 \times (p+1)/2}\right] \pmod{p^2}。$$

这个式子乍看起来好像变得更加复杂而不是更加简单。但在等号的右端，我们得到了一个非常重要的因子 p。于是，现在不用去证明

$$(表达式) = 0 \pmod{p^2},$$

而是要证明具有如下形式的表达式：

$$(p \times 表达式) = 0 \pmod{p^2}。$$

证明这个式子就等价于证明

$$(表达式) = 0 \pmod{p}。$$

换句话说，把 $\pmod{p^2}$ 的问题简化成一个 $\pmod{p}$ 的问题。这样就完成了前面的目标 (b)：把原问题简化成一个模较小的问题，虽然这会增加复杂度，但却值得这么去做。

我们将很快发现，表达式看起来越来越复杂只不过是一种幻觉，因为 $\pmod{p}$ 能比 $\pmod{p^2}$ 消掉更多项。现在只要证明

$$\frac{1}{1 \times (p-1)} + \frac{1}{2 \times (p-2)} + \cdots + \frac{1}{(p-1)/2 \times (p+1)/2} = 0 \pmod{p}$$

就行了。因为 $p-1$ 等价于 $-1 \pmod{p}$，$p-2$ 等价于 $-2 \pmod{p}$，依此类推，所以上式可以简化为

$$\frac{1}{-1^2} + \frac{1}{-2^2} + \cdots + \frac{1}{-((p-1)/2)^2} = 0 \pmod{p}$$

或等价于

$$\frac{1}{1^2} + \frac{1}{2^2} + \frac{1}{3^2} + \cdots + \frac{1}{((p-1)/2)^2} = 0 \pmod{p}。$$

除了等号左端的最后一项有些晦涩（即左端级数终止于 $1/((p-1)/2)^2$，而不是像 $1/(p-1)^2$ 那样自然的项）以外，这个表达式还是挺好的。然而，根据 $(-a)^2 = a^2$，我们可以把上式写成下面这样"对折"的形式

$$\begin{aligned}
&\frac{1}{1^2} + \frac{1}{2^2} + \frac{1}{3^2} + \cdots + \frac{1}{((p-1)/2)^2}\\
=&\frac{1}{2}\left[\frac{1}{1^2} + \frac{1}{2^2} + \frac{1}{3^2} + \cdots + \frac{1}{((p-1)/2)^2}\right.\\
&\left.+\frac{1}{(-1)^2} + \frac{1}{(-2)^2} + \frac{1}{(-3)^2} + \cdots + \frac{1}{(-(p-1)/2)^2}\right] \pmod{p}\\
=&\frac{1}{2}\left[\frac{1}{1^2} + \cdots + \frac{1}{(p-1)^2}\right] \pmod{p}。
\end{aligned}$$

因此，证明 $(1/1^2) + \cdots + 1/((p-1)/2)^2$ 等于 $0 \pmod{p}$ 就等价于证明 $(1/1^2) + \cdots + 1/(p-1)^2$ 等于 $0 \pmod{p}$。因为后者具有更好的对称形式，所以处理起来也就更容易。（对称性最好能被保留下来，直到它充分地发挥了作用为止；而反对称性则最好能尽快消除。）

于是，现在只需要证明

$$\frac{1}{1^2} + \frac{1}{2^2} + \cdots + \frac{1}{(p-1)^2} = 0 \pmod{p} \tag{8}$$

就可以完成对整个问题的证明。与涉及分子和 p^2 整除性的原问题相比，这个问题解决起来将更加容易。p^2 整除性要比 p 整除性更强，从而也更难处理。

现在已经实现了所有的战术目的，并对问题进行了适当的简化。接下来需要做些什么呢？这个问题看起来好像与曾考察过的 (7) 式有着密切的联系。但实际上我们并不是在原地绕圈。(8) 式是当前的目标，它蕴含着原问题，而对 (7) 式的证明只不过是一个比原问题更简单的附带问题。因此我们并不是在原地绕圈，而是向着解决问题的方向盘旋前进。既然已经证明了 (7) 式，那么 (8) 式能否按照同样的方法来证明呢？

非常幸运的是有两种证明 (7) 式的方法：一种方法是把倒数进行重新排列，另一种方法则是各项成对抵消。不过有些遗憾，虽然成对抵消的方法在证明 (7) 式时有效，但对证明 (8) 式不会产生任何作用，其主要原因就在于分母中的平方数会产生对称性，而不是反对称性。然而，倒数重新排列的方法是有望证明 (8) 式的。再次把 $p = 5$ 作为例子（从而可以利用之前所做的某些工作）：

$$\frac{1}{1^2} + \frac{1}{2^2} + \frac{1}{3^2} + \frac{1}{4^2} = 1^2 + 3^2 + 2^2 + 4^2 \pmod 5$$
$$= 1^2 + 2^2 + 3^2 + 4^2 \pmod 5$$
$$= 0。$$

上述 $p = 5$ 时的证明过程同样适用于一般的情形。从上面这些例子中可以看出，全体剩余类 $1/1, 1/2, 1/3, \cdots, 1/(p-1)$ $(\mathrm{mod}\ p)$ 看起来好像只不过是数 $1, 2, 3, \cdots, (p-1)$ $(\mathrm{mod}\ p)$ 的一个重排列。在讨论的最后会给出这个事实的证明。因此，我们可以说数 $1/1^2, 1/2^2, \cdots, 1/(p-1)^2$ 就是 $1^2, 2^2, 3^2, \cdots, (p-1)^2$ 的一个重排列。换句话说，即

$$\frac{1}{1^2} + \frac{1}{2^2} + \frac{1}{3^2} + \cdots + \frac{1}{(p-1)^2}$$
$$= 1^2 + 2^2 + 3^2 + \cdots + (p-1)^2 \quad (\mathrm{mod}\ p)。$$

这个式子处理起来会更容易些，因为消掉了原式中的倒数，在和式中出现倒数是一件让人非常头痛的事。实际上，利用标准公式

$$1^2 + 2^2 + \cdots + n^2 = \frac{n(n+1)(2n+1)}{6}$$

（利用归纳法能够容易地证明这个式子）可以消掉和式，从而证明(8) 式就简化为证明

$$\frac{(p-1)p(2p-1)}{6} = 0 \quad (\mathrm{mod}\ p)。$$

而且可以很容易地证明，当 p 是一个大于 3 的素数时该式一定成立（因为此时 $(p-1)(2p-1)/6$ 是一个整数）。

　　整个过程就是这样。我们让关系式变得越来越简单，直到它无法继续简化为止。尽管这个过程有点冗长，但有时它却是求解这类复杂问题的唯一方法：逐步简化法。

现在来证明倒数 $1/1, 1/2, \cdots, 1/(p-1) \pmod{p}$ 是数 1, $2, \cdots, (p-1) \pmod{p}$ 的一个置换：这等价于证明每个非零的模 p 剩余类都是某个非零的模 p 剩余类的倒数，并且该剩余类是唯一的。这个结论是很显然的。

习题 2.5　设 $n \geqslant 2$ 是个整数。证明 $1/1 + 1/2 + \cdots + 1/n$ 不是整数。[你将会用到伯特兰假设（实际上是个定理）：任意给定一个正整数 n，那么在 n 和 $2n$ 之间至少存在一个素数。作为附加的挑战，不使用伯特兰假设进行证明。]

习题 2.6(*)　设 p 是一个素数，k 是一个不能被 $p-1$ 整除的正整数。证明 $1^k + 2^k + 3^k + \cdots + (p-1)^k$ 能被 p 整除。（提示：由于 k 可能是偶数，所以消去技巧不可能总是派得上用场。但重排列的技巧还是有用的。设 a 是 $\mathbf{Z}/p\mathbf{Z}$ 的一个生成元，那么当 k 不是 $p-1$ 的倍数时，$a^k \neq 1 \pmod{p}$。接下来用两种不同的方法计算表达式 $a^k + (2a)^k + \cdots + ((p-1)a)^k \pmod{p}$。）

第 3 章

代数和分析中的例子

> 我们无法逃避这样一种感觉……这些数学公式
> 是独立存在的，它们自身拥有智慧……它们要比我
> 们甚至那些发现者更加聪颖……我们从中获取的要
> 远多于最初为得到它而付出的。
>
> —— 海因里希·赫兹，弗里曼·戴森援引

大多数人都常把代数和数学联系在一起。从某种意义上来说，这种说法是合理的。数学所研究的对象是抽象的，比如数值的、逻辑的或者几何的对象，而且这些对象还要满足一系列精心选择的公理。基础代数的研究对象是满足上述数学定义的最简单且有意义的东西。在基础代数中只有 10 多个假设，但这足以让整个体系具有完美的对称性。接下来给出的这个例子是我最钟爱的代数恒等式：

$$1^3 + 2^3 + 3^3 + \cdots + n^3 = (1 + 2 + 3 + \cdots + n)^2。$$

它在一定程度上说明了，前几个自然数的立方和总能写成一个平方数的形式。例如，$1 + 8 + 27 + 64 + 125 = 225 = 15^2$。

尽管代数的类型不止一种，但代数的研究对象总是那些带有加、减、乘、除运算的数。例如，矩阵代数同样具有上述四种运算，但它研究的是一组数，而并非单独一个数。其他类型的代数则使用了各种运算和各种各样的"数"，但令人惊喜的是，它们拥有很多与基础代数相同的性质。譬如，在某些特

殊条件下, 方阵 A 能满足代数表达式

$$(I - A)^{-1} = I + A + A^2 + A^3 + \cdots 。$$

代数是大部分应用数学的基础。力学、经济学、化学、电子学和最优化理论等领域的问题都可以利用代数和微积分来解决, 其中微积分是代数的高等形式。代数确实非常重要, 而它的大部分奥秘都已经被揭开, 因此可以放心地把它安排在高中课程里。但我们仍然会偶尔发现一些新的代数小奥秘。

3.1 函数的分析

分析学也是一门经过深入研究的学科, 它与代数具有同样的普遍性。从本质上来说, 分析学研究的是函数及其性质。函数的性质越复杂, 那么相应的分析理论也就越"高深"。最低层次的分析学所研究的对象是那些满足某种简单的代数性质的函数。例如, 可以考察满足下列条件的函数 $f(x)$:

f 是连续函数, $f(0)=1$, 对所有的实数 m 和 n 均有

$$f(m + n + 1) = f(m) + f(n), \tag{9}$$

并推导出该函数所满足的性质。比如在这个例子中, 恰好能够找到一个函数 $f(x) = 1 + x$ 满足上面这些条件; 我们把它留作习题。这类问题是培养数学思维的一种好方法, 因为题目中只给出了一两条有用的信息, 所以解题的方向应该是非常清

晰的。这可以看作一种"口袋数学"：在求解这类问题时，只会用到少量的"公理"（即信息），而不需要去考虑几十个公理和不计其数的定理。但是，它仍然会带来惊喜。

> **习题 3.1**　设 $f(x)$ 是一个从实数集到实数集上的函数，它满足 (9) 式。证明 $f(x) = 1 + x$，其中 x 可以取任意的实数。（提示：首先证明当 x 为整数时，该结论成立；然后证明当 x 为有理数时，该结论也成立；最后证明当 x 为实数时，该结论是成立的。）

> **问题 3.1**（格雷策，1978，第 19 页）(*)　设 f 是一个把正整数映射成正整数的函数，并且对所有的正整数 n 均有 $f(n+1) > f(f(n))$。证明 $f(n) = n$ 对所有的正整数 n 均成立。

题目似乎并没有给出足以证明结论的信息。毕竟，用一个不等式去证明一个等式，这怎么可能呢？其他此类问题（例如习题 3.1）一般都会涉及函数的方程，并且可以利用各种类似于替换的方法，把原始信息转化成能够处理的形式，从而使问题变得更容易解决。但这个问题看起来好像完全不同。

然而，通过仔细阅读题干，不难发现这个问题中函数的取值是整数，而不像大多数问题那样，所涉及的函数通常映射到实数域上。根据这个特点，我们立刻想到去构造一个"更强"

的不等式：

$$f(n+1) \geqslant f(f(n)) + 1。 \tag{10}$$

现在就来看一下这个不等式可以推导出什么。对这些表达式进行处理的一种典型方法是，用一些恰当的值来替换式子中的变量。于是，先令 $n = 1$：

$$f(2) \geqslant f(f(1)) + 1$$

乍看起来，这并没有提供太多有关 $f(2)$ 或者 $f(1)$ 的信息，但不等号右端的 $+1$ 提醒我们 $f(2)$ 的取值不会太小。事实上，由于 f 是映射到正整数上的函数，$f(f(1))$ 的取值必定至少为 1，那么 $f(2)$ 就至少为 2。又因为要证的就是 $f(2)$ 等于 2，所以选择的这个方向或许就是对的。[尽量去尝试那些能让你与目标更加接近的策略，直到所有可能的直接法都被证明是行不通的为止。此时，你才应该去考虑间接法或者（偶尔）尝试回溯法。]

那么能否证明 $f(3)$ 至少为 3 呢？再次尝试利用 (10) 式就可以得到 $f(3) \geqslant f(f(2)) + 1$。根据同样的论述方法可知 $f(3)$ 的值至少为 2。能不能进一步得到更强的结论呢？之前曾说过 $f(f(1))$ 至少为 1，那么或许 $f(f(2))$ 就至少为 2。（事实上，因为我们"暗中"知道 $f(n)$ 最终应等于 n，所以也就知道了 $f(f(2))$ 等于 2，但目前还无法使用这个事实，其原因在于不能使用想要证明的结论。）根据这个思路，我们可以再次利用

(10) 式得到：

$$f(3) \geqslant f(f(2)) + 1 \geqslant f(f(f(2) - 1)) + 1 + 1 \geqslant 3。$$

此时把 $f(2) - 1$ 代入了公式中的 n。因为已经知道了 $f(2) - 1$ 的值至少为 1，所以上式是成立的。

这样看起来，好像可以推导出 $f(n) \geqslant n$ 了。因为我们是利用 "$f(2)$ 至少为 2" 这个事实来证明 "$f(3)$ 至少为 3" 的，所以对于一般的情况就应该使用归纳法来证明。

但在运用归纳法时还需要一些小技巧。考察接下来的情形，即证明 $f(4) \geqslant 4$。由 (10) 式可知，$f(4) \geqslant f(f(3)) + 1$。由于已经知道了 $f(3) \geqslant 3$，于是为了能够得到 $f(f(3)) + 1 \geqslant 4$，我们希望推导出 $f(f(3)) \geqslant 3$。为此，需要一个形如 "如果 $n \geqslant 3$，那么 $f(n) \geqslant 3$" 的事实。解决这个问题最简单的方法就是：把这个事实包含在某个用归纳法证明的结论当中。更准确地说，我们将要证明：

引理 3.1　对所有的 $m \geqslant n$ 均有 $f(m) \geqslant n$。

证明　对 n 使用归纳法。

- 基础情形 $n = 1$：结论显然成立。因为 $f(m)$ 是个正整数，所以 $f(m)$ 的值至少为 1。

- 归纳情形：假设引理对 n 成立，接下来就试着证明，对所有的 $m \geqslant n + 1$ 均有 $f(m) \geqslant n + 1$。对于任意一个 $m \geqslant n + 1$，由 (10) 式可得 $f(m) \geqslant f(f(m-1)) + 1$。因为

$(m-1) \geqslant n$，所以 $f(m-1) \geqslant n$（利用归纳假设可得）。那么可以进一步得到：由于 $f(m-1) \geqslant n$，于是再次利用归纳假设可得 $f(f(m-1)) \geqslant n$。因此 $f(m) \geqslant f(f(m-1))+1 \geqslant n+1$，这样就完成了归纳证明。 □

如果考虑引理 3.1 的一种特殊情形 $m = n$，那么我们就有了一个子命题：

$$对所有的正整数 n 均有 f(n) \geqslant n。 \tag{11}$$

接下来该怎么做？与所有关于函数方程的问题一样，只要有了新的结果，就应该对这个结果进行一番研究，并试着把它与以前的结论结合起来。之前得到的唯一结论是 (10) 式，因此可以把新表达式代入 (10) 式。于是，用 $f(n)$ 来代替 (11) 式中的 n，就能够得到下面这个有用的结果：

$$f(n+1) \geqslant f(f(n))+1 \geqslant f(n)+1,$$

换句话说，即

$$f(n+1) > f(n)。$$

这是一个非常有用的式子：它意味着 f 是一个单调递增函数！（但由 (10) 式并不能明显地看出这个结论，不是吗？）于是 $f(m) > f(n)$ 当且仅当 $m > n$。这表明了最初的关系式

$$f(n+1) > f(f(n))$$

可以被改写为

$$n+1 > f(n)。$$

因此, 利用这个式子和 (11) 式就证明了问题 3.1 的结论。

问题 3.2（澳大利亚数学竞赛, 1984, 第 7 页）　设 f 是一个定义在正整数上取整数值的函数, 并且它还满足下面这些性质:

(a) $f(2) = 2$;

(b) 对所有的正整数 m 和 n 均有 $f(mn) = f(m)$ $f(n)$;

(c) 如果 $m > n$, 那么 $f(m) > f(n)$。

求 $f(1983)$ 的值（并给出理由）。

现在要找的是 f 的一个特定值。最好的办法就是试着推出 f 的所有取值, 而不仅仅是 $f(1983)$（1983 只不过是提出这个问题的年份而已）。当然, 这里假定了只有一个解 f。然而, 该问题隐含着这样一个事实: $f(1983)$ 只有唯一一个可能的取值（否则答案就不止一个）; 又因为 1983 是一个很普通的数, 所以有理由推测只有唯一的解 f。

那么 f 具有哪些性质呢? 我们知道 $f(2) = 2$。那么通过反复利用性质 (b) 可以推出 $f(4) = f(2)f(2) = 4$, $f(8) = f(4)f(2) = 8$, 等等。其实, 通过简单的归纳就可以证明, 对所有的 n 均有 $f(2^n) = 2^n$。于是, 当 x 等于 2 的方幂时, 有 $f(x) = x$。那么, 对所有的 x, $f(x) = x$ 或许也是成立的。把 $f(x) = x$ 代回到 (a)、(b) 和 (c) 中进行验证就可以看出，$f(x) = x$ 是满足这三条性质的一个解。因此，如果我们认为只有一个解 f 的话，那么 $f(x) = x$ 就是这个唯一解。于是可以证明一个更一般且更清晰的命题：

> 　　能把正整数映射成整数，并同时满足性质 (a)、(b) 和 (c) 的函数只有一个，那就是恒等函数（即，对所有的 n 均有 $f(n) = n$）。

　　因此我们要证明的就是：如果 f 满足 (a)、(b) 和 (c)，那么 $f(1) = 1$, $f(2) = 2$, $f(3) = 3$，等等。先试着证明 $f(1) = 1$。（对有关函数方程的问题，应该先尝试一些取值较小的例子，进而找到一些解题的"感觉"。）那么由 (c) 可得 $f(1) < f(2)$，而我们又知道 $f(2) = 2$，所以 $f(1)$ 要小于 2。但根据 (b) 可知（令 $n = 1$, $m = 2$）

$$f(2) = f(1)f(2),$$

从而有

$$2 = 2f(1)。$$

这就意味着 $f(1)$ 一定等于 1，结论得证。

　　现在已经有了 $f(1) = 1$ 和 $f(2) = 2$。那么 $f(3)$ 等于几？性质 (a) 提供不了什么帮助，而性质 (b) 只能说明 $f(3)$ 与其他一些像 $f(6)$ 和 $f(9)$ 这样的数字之间的关系，但同样没有太大帮助。由性质 (c) 可以推出

$$f(2) < f(3) < f(4),$$

但又因为 $f(2) = 2$ 且 $f(4) = 4$，于是

$$2 < f(3) < 4,$$

而 2 和 4 之间只有唯一的整数 3。因此 $f(3)$ 一定是 3。

这为我们提供了一条线索：$f(3)$ 等于 3 只是因为 $f(3)$ 的取值是整数。（看看这与前面问题 3.1 中的 $f(n+1) > f(f(n))$ 有多么相似？）倘若去掉这个限制的话，那么 $f(3)$ 就有可能是 2.1 或者 3.5，还可能是其他某个值。现在来考虑能否进一步地利用这个线索。

我们已经知道 $f(4) = 4$，那么接下来就试着求出 $f(5)$ 的值。按照求 $f(3)$ 的思路来处理 $f(5)$，那么利用性质 (c) 就可以得到

$$f(4) < f(5) < f(6),$$

其中 $f(4) = 4$。但 $f(6)$ 又是多少呢？不要担心：因为 6 等于 2 乘以 3，所以 $f(6) = f(2)f(3) = 2 \times 3 = 6$。因此 $f(5)$ 在 4 和 6 之间取值，从而它一定等于 5。这种方法看起来好像很有效；当 n 在 1 和 6 之间取值时，我们已经求出了所有的 $f(n)$。

因为新结果是利用已有的旧结果得到的，所以我们强烈地感觉到应该利用归纳法来证明一般的情况。又因为要使用的不仅仅是前一个旧结果，而是之前若干个结果，所以可能会用到强归纳法。

引理 3.2 对所有的 n 均有 $f(n) = n$。

证明 使用强归纳法。首先来验证基础情形：$f(1) = 1$ 是否成立？答案是肯定的，已经证明过这一结论。现在假设 $m \geqslant 2$，并假设对于所有小于 m 的 n，均有 $f(n) = n$。我们要证明的是 $f(m) = m$。通过对若干例子的观察，我们很快发现要把问题分成"m 是偶数"和"m 是奇数"这两种情形来讨论。

情形 1：m 是偶数。此时 m 可以写成 $m = 2n$ 的形式，其中 n 是整数。由于 n 小于 m，根据强归纳假设可知 $f(n) = n$。因此 $f(m) = f(2n) = f(2)f(n) = 2n = m$，这就是我们想要的结论。

情形 2：m 是奇数。此时 m 可以写成 $m = 2n + 1$ 的形式。由性质 (c) 可得 $f(2n) < f(m) < f(2n + 2)$，那么因为 $n + 1$ 和 $2n$ 都比 m 小，所以根据强归纳假设有 $f(2n) = 2n$ 和 $f(n + 1) = n + 1$。又由性质 (b) 可以推出 $f(2n + 2) = f(2)f(n+1) = 2(n+1) = 2n+2$，所以上面的不等式就变成了

$$2n < f(m) < 2n + 2,$$

从而得到了想要的 $f(m) = 2n + 1 = m$。因此，不管是哪一种情形，归纳假设都成立。 □

于是，我们利用强归纳法证明了 $f(n)$ 等于 n。由此可知，问题 3.2 的答案一定是 $f(1983) = 1983$。

习题 3.2　把问题3.2中的 (a) 换成下面这个更弱的条件：

(a′) **至少存在一个大于或者等于 2 的整数 n 能使 $f(n) = n$ 成立。**

证明问题3.2仍然可以求解。

习题 3.3(*)　令问题 3.2 中 $f(n)$ 的取值为实数，而不仅仅是整数，证明问题 3.2 仍然可以求解。（提示：首先，对于不同的整数 n 和 m 比较 $f(2^n)$ 和 $f(3^m)$ 的大小，据此来证明 $f(3) = 3$。）一个额外的挑战：把问题 3.2 中的 (a) 换成 (a′)，同时让 $f(n)$ 的取值为实数，求解问题 3.2。

习题 3.4（1986 年国际数学奥林匹克大赛，第 5 题）(**)
找出所有能够把非负实数映射成非负实数，同时又满足下列条件的函数 f（如果存在的话）：

    (a) 对所有的非负实数 x 和 y 均有 $f(xf(y))f(y) = f(x + y)$；

    (b) $f(2) = 0$；

    (c) 如果 $0 \leqslant x < 2$，那么 $f(x) \neq 0$。

［提示：第一个条件涉及函数值的乘积；另外两个条件涉及函数取零值（或非零值）。那么当函数值的乘积等于 0 时，我们能得到什么结果？］

3.2　多项式

　　许多代数问题都会涉及一元多项式或者多元多项式，那么现在就来回顾一下与多项式有关的一些定义和结论。

　　我们把**一元多项式**记作函数 $f(x)$，它具有如下形式：

$$f(x) = a_n x^n + a_{n-1} x^{n-1} + a_{n-2} x^{n-2} + \cdots + a_1 x + a_0,$$

或者是下面这种更加正式的形式

$$f(x) = \sum_{i=0}^{n} a_i x^i.$$

这里的 $a_i (i = 0, 1, 2, \cdots, n)$ 都是常数（在本书中它们总是被假定为实数），并且假定 a_n 不等于零。我们把 n 称作 f 的**次数**。

　　多元多项式（譬如，三元多项式）并不像一元多项式那样具有漂亮的形式，但这类多项式却是非常有用的。如果 $f(x, y, z)$ 的形式如下：

$$f(x, y, z) = \sum_{k,l,m} a_{k,l,m} x^k y^l z^m,$$

那么 $f(x, y, z)$ 就是一个**三元多项式**。上式中的 $a_{k,l,m}$ 是（实数）常数；求和运算是对所有满足 $k + l + m \leqslant n$ 的非负整数 k、l 和 m 求和，同时还假定了至少存在一个非零的 $a_{k,l,m}$ 满足 $k + l + m = n$。这里的 n 同样被称作 f 的**次数**。次数为 2 的多项式被称作二次多项式；次数为 3 的多项式被称作三次多项式，依此类推。如果多项式的次数等于 0，那么就称其为平

凡或**常数多项式**。如果所有非零的 $a_{k,l,m}$ 都满足 $n = k+l+m$，那么就称 f 是**齐次多项式**。齐次多项式 f 具有下列性质：对于所有的 $x_1, \cdots, x_m$ 和 t，都有

$$f(tx_1, tx_2, \cdots, tx_m) = t^m f(x_1, x_2, \cdots, x_m)。$$

例如，$x^2y + z^3 + xz$ 是一个次数为 3 的三元多项式（三个变量分别是 x、y 和 z）。因为 xz 这一项的次数为 2，所以它不是齐次多项式。

如果 m 元多项式 f 满足：对所有的 $x_1, \cdots, x_m$ 均有 $f(x_1, \cdots, x_m) = p(x_1, \cdots, x_m)q(x_1, \cdots, x_m)$，那么称 f 可以被因式分解成两个多项式 p 和 q 的乘积，并且 p 和 q 被称为 f 的**因式**。很容易证明，一个多项式的次数等于其因式的次数之和。如果一个多项式无法被因式分解成两个非平凡因式的乘积，那么就称这个多项式是不可约的。

如果 $(x_1, \cdots, x_m)$ 的一组值能够使得 $f(x_1, \cdots, x_m) = 0$ 成立，那么 $(x_1, \cdots, x_m)$ 的这组值就被称作多项式 $f(x_1, \cdots, x_m)$ 的根。一元多项式的根的个数可以与它的次数相等；实际上，如果把重根和复数根都计算在内，那么一元多项式的根的个数将始终恰好等于它的次数。例如，二次多项式 $f(x) = ax^2 + bx + c$ 的根可以由著名的二次求根公式给出：

$$x = \frac{-b \pm \sqrt{b^2 - 4ac}}{2a}。$$

对于三次和四次多项式，它们各自也有相应的求根公式，但都

更加繁琐且在实际中没有多大用处。五次和更高次数的多项式根本就不存在初等的求根公式! 此外, 对于那些含有两个或更多个变量的多项式, 根的情况将变得更加复杂。这些多项式通常会有无穷个根。

就一个多项式而言, 其因式的所有根是该多项式所有根的一个子集。这个结果对于判定一个多项式能否整除另一个多项式非常有用。特别地, 因为 a 是 $x - a$ 的一个根, 所以 $x - a$ 能整除 $f(x)$ 的充分必要条件就是 $f(a) = 0$。此外, 对于任意的一元多项式 $f(x)$ 和任意一个实数 t, $x - t$ 总能整除 $f(x) - f(t)$。

现在来处理一些与多项式有关的问题。

问题 3.3(澳大利亚数学竞赛, 1987, 第 13 页) 设 a、b 和 c 都是实数, 它们满足

$$\frac{1}{a} + \frac{1}{b} + \frac{1}{c} = \frac{1}{a + b + c}, \tag{12}$$

且上式中所有的分母都不为零。证明:

$$\frac{1}{a^5} + \frac{1}{b^5} + \frac{1}{c^5} = \frac{1}{(a + b + c)^5}。 \tag{13}$$

这个问题乍看起来比较简单。由于题目中只给出了一条信息, 我们应该可以通过一步步的逻辑推理来直接证明想要的结论。为了能够由 (12) 式推导出 (13) 式, 首先想到的可能

就是把 (12) 式的两端同时升到 5 次幂，这样就可以得到一个与想要证明的结论更加接近的结果，但这同时会使等号左端变得相当复杂。此外，好像并不能明显地看出有其他什么好的处理方法。直接推导的方法也只能到此为止了。

再看一下题目给出的信息，我们发现 (12) 式是有疑点的，它与高中生不常使用的一类关系式非常相似，因为这类关系式容易被误用，所以高中生常被告诫不要轻易使用它们。这为我们提供了第一条真正的线索：(12) 式应当对 a、b 和 c 有进一步的限制。因此，或许有必要重新解读 (12) 式。

从公分母入手好像是个不错的方法。把 (12) 式左端的三个倒数通分后相加可得

$$\frac{ab + bc + ca}{abc} = \frac{1}{a + b + c},$$

然后交叉相乘就得到

$$ab^2 + a^2b + a^2c + ac^2 + b^2c + bc^2 + 3abc = abc。 \tag{14}$$

此时或许会想到各种能用在这里的不等式：柯西-施瓦茨不等式，算术平均数-几何平均数不等式，等等（哈代，1975，第 33–34 页）。如果 a、b 和 c 被限制为只取正数，那么这或许对解题是有帮助的，但是题目并没有给出这个限制。实际上，这种限制是不可能存在的，因为如果 a、b 和 c 都是正的，那么 $1/(a + b + c)$ 要小于 (12) 式左端三个倒数中的任何一个。

由于 (14) 式等价于 (12) 式，并且从代数意义上来说 (14) 式也更加简单（(14) 式中不包含倒数），可以试着从 (13) 式中推导出 (14) 式。同样地，直接法在这里也是行不通的。想要从另外一些表达式中推导出某个表达式，通常采用的其他方法只有一种，那就是证明一个中间结果或者进行一些有用的变量替换。（还存在其他一些另类的方法，比如把 (12) 式看作函数 $(1/a) + (1/b) + (1/c) - (1/a+b+c)$ 的一条等值线，然后利用微积分找出这条等值线的形状和性质，但最好还是先尝试一些简单的做法。）

变量替换的方法看起来并不是一个正确的选择：因为 (12) 式和 (14) 式已经足够简洁，变量替换很难使它们变得更加简洁。于是，我们试图猜想并证明一个中间结果。这个中间结果最好具有参数形式，因为这样就可以直接把参数代入想要证明的结论当中。进行参数化的方法之一是求解出其中一个变量，譬如 a。从 (14) 式中求出 a 并不是件容易的事（除非你愿意使用二次求根公式），但是由 (12) 式的确能求出 a。在依此求解出 a、b 和 c 并推导出一个中间结果之后，我们就可以证明之前的问题。（这个中间结果恰好等价于下文将要给出的一个结果。它就应该是这样，不是吗？）但是我会尝试一些其他的求解方法。

如果不进行参数化，那么 (14) 式能够被方便地改写成一种更好的形式。(14) 式的解本质上就是多项式 $a^2b + b^2a + b^2c +$

$c^2b + c^2a + a^2c + 2abc$ 的根。处理多项式根的最好方法就是对该多项式进行因式分解（反之亦然）。那么它的因式都是什么呢？因为我们知道 (14) 式一定能够以某种方式推导出 (13) 式，所以确信一定存在 (14) 式的某种有效形式可以导出 (13) 式；而多项式唯一一种便于操作的形式就是把它分解成若干因式相乘的形式。想要找出这些因式，需要不断尝试。因为多项式是齐次的，所以它的因式也应当是齐次的；因为多项式是对称的，所以它的因式也应当彼此对称；因为多项式是三次的，所以它应该存在一个线性因式。现在就来尝试形如 $a+b$，$a-b$，a，$a+b+c$ 和 $a+b-c$ 等因式。（有可能存在类似于 $a+2b$ 这样的因式，但由于它并不十分"优美"，所以留到后面再尝试。）（根据因式定理）很快发现 $a+b$ 以及类似的 $b+c$ 和 $c+a$ 都是这个三次多项式的因式。由此可以容易地证明 (14) 式可以被因式分解成 $(a+b)(b+c)(c+a)$。这就意味着 (12) 式成立当且仅当 $a+b=0$ 或者 $b+c=0$ 或者 $c+a=0$。把每种可能情况的解代入 (13) 式就得到了想要的结果。

习题 3.5 因式分解 $a^3 + b^3 + c^3 - 3abc$。

习题 3.6 找出同时满足 $a+b+c+d=0$ 和 $a^3+b^3+c^3+d^3=24$ 的所有整数 a,b,c,d。（提示：不难猜想出这些方程的某些解，但为了证明可以找到所有解，你需要把第一个方程代入第二个方程，然后再进行因式分解。）

多项式的"可因式分解性"和"不可因式分解性"是数学中一个充满魅力的课题。下面这个问题很有启发性，因为对它的求解几乎用到了本书所涉及的全部技巧。

问题 3.4(**)　证明：对于任意一个多项式 $f(x)$，如果它具有形式 $f(x) = (x-a_1)^2 \cdots (x-a_n)^2 + 1$，其中 $a_1, \cdots, a_n$ 是不相等的整数，那么它就不可能被因式分解成两个非平凡的整系数多项式。

这是个非常一般性的问题。例如，它表明了多项式

$$(x-1)^2(x+2)^2 + 1 = x^4 + 2x^3 - 3x^2 - 4x + 5$$

不可能被因式分解成其他整系数多项式的乘积。那么应该如何去证明这个命题呢？

假设 $f(x)$ 可以被因式分解成 $p(x)$ 和 $q(x)$ 这两个非平凡的整系数多项式，那么对所有的 x 均有 $f(x) = p(x)q(x)$。这是一条非常重要的信息。但要记住，f 还具有这样一种特殊性质：它等于某个平方式加 1。那么该如何利用这一特殊性质呢？可以说 $f(x)$ 总是正的（或者进一步说 $f(x) \geqslant 1$），但这只能说明 $p(x)$ 和 $q(x)$ 的符号相同，除此之外并没有提供任何其他有关 $p(x)$ 和 $q(x)$ 的信息。然而还有另外一条信息：f 并非普通的平方式加 1，其平方式等于若干线性因式乘积的平方。那么能否有效地利用这些 $x - a_i$ 的平方呢？

利用因式的最好方式是使它等于 0，因为这样就可以让整个表达式等于 0（实际上，有时为了消去某个因式，我们并不希望看到该因式等于 0）。当 x 等于 a_i 时，$x - a_i$ 就等于 0。于是，我们想到用 a_i 来代替 x，从而得到

$$f(a_i) = \cdots (a_i - a_i)^2 \cdots + 1 = 1。$$

回过头来看 $p(x)$ 和 $q(x)$，那么这个结果就意味着

$$p(a_i)q(a_i) = 1。$$

这又表明了什么呢？如果我们不记得 $p(x)$ 和 $q(x)$ 都是整系数多项式，并且忘记了 a_i 也是个整数，那么上式就没什么意义了。这个式子的关键就在于 $p(a_i)$ 和 $q(a_i)$ 都是整数，从而得到两个乘积为 1 的整数。这只可能发生在两个整数同时取 1 或 -1 的情况下。简言之，对所有的 $i = 0, 1, \cdots, n$ 均有

$$p(a_i) = q(a_i) = \pm 1。$$

应谨慎地看待这里的 ± 号。此时，我们仅仅知道 $p(a_i)$ 和 $q(a_i)$ 是相等的，而它们的符号可能同时为正也可能同时为负。

我们几乎已经确定了 $p(a_1), \cdots, p(a_n)$ 以及 $q(a_1), \cdots, q(a_n)$ 的取值，因此多项 $p(x)$ 和 $q(x)$ 都被 n 个点固定了。但首项系数为 1 的多项式的自由度与它的次数相等。既然 $pq = f$，那么 p 的次数加上 q 的次数就等于 f 的次数 $2n$。这表明了其中一个多项式（记作 p）的次数不会超过 n。总之，

我们得到了一个次数不超过 n，同时又被 n 个给定的点限制的多项式。有望利用这个事实来导出矛盾，这就是我们想要的结果。

我们对一个次数不超过 n 的多项式了解多少呢？它最多有 n 个根。对于 p 的根，我们又了解些什么？p 是 f 的一个因式，因此 p 的根也是 f 的根。那么 f 的根又是什么？它没有根（至少没有实数根）！由于 f 总是正的（实际上，它总是至少为 1），它是无根的。这反过来表明了 p 不可能有根。那么，一个多项式没有根意味着什么？这意味着该多项式的图像不可能经过 x 轴，也就是说，它的符号不会改变。换言之，p 总是为正或者总是为负。这样就需要考虑两种可能的情形；但如果能够观察到其中一种情形蕴含另一种情形，那么就可以省些力气。事实上，如果存在因式分解 $f(x) = p(x)q(x)$，那么就自然存在另一种因式分解 $f(x) = (-p(x))(-q(x))$。因此，如果 p 始终为负，那么总是可以由这个因式分解得到另一种新的分解方法，从而使 p 始终为正。

因此，可以不失一般性地假定 p 始终为正。因为已经知道了 $p(a_i)$ 等于 1 或 -1，并且还知道它始终是正的，所以对于所有的 i，$p(a_i)$ 一定等于 1。此外，由于 $q(a_i)$ 必定等于 $p(a_i)$，对于所有的 i，$q(a_i)$ 也等于 1。那么接下来该怎么做？

$p(x)$ 和 $q(x)$ 都至少有 n 次取值为 1。那么从根的角度来看，这个结论可以表述成下列内容：$p(x) - 1$ 和 $q(x) - 1$ 都至

少有 n 个根。但因为 $p(x)$ 自身的次数不超过 n，所以 $p(x) - 1$ 的次数最多为 n。这就意味着仅当 $p(x) - 1$ 的次数恰好为 n 时，$p(x) - 1$ 才有 n 个根。这反过来表明了 $p(x)$ 的次数也等于 n，从而 $q(x)$ 也是 n 次的。

总结一下目前为止已经掌握的信息：假设 $f(x) = p(x) q(x)$。p 和 q 都是取值为正的整系数 n 次多项式，并且对于所有的 i 均有 $p(a_i) = q(a_i) = 1$，即 $p(a_i) - 1 = q(a_i) - 1 = 0$。现在已知每个 a_i 都是 $p(x) - 1$ 的根。因为 $p(x) - 1$ 最多只能有 n 个根，所以全体 a_i 就是 $p(x) - 1$ 的所有根。这意味着 $p(x) - 1$ 具有如下形式：

$$p(x) - 1 = r(x - a_1)(x - a_2) \cdots (x - a_n),$$

并且 $q(x) - 1$ 也具有类似的形式：

$$q(x) - 1 = s(x - a_1)(x - a_2) \cdots (x - a_n),$$

其中 r 和 s 都是常数。为了掌握更多有关 r 和 s 的信息，请记住 p 和 q 都是整系数多项式。$p(x) - 1$ 的首项系数是 r，并且 $q(x) - 1$ 的首项系数是 s。这意味着 r 和 s 一定都是整数。

现在把 $p(x)$ 和 $q(x)$ 的上述表达式代入原来的 $f(x) = p(x) q(x)$ 中就得到

$$
\begin{aligned}
&(x - a_1)^2 (x - a_2)^2 \cdots (x - a_n)^2 + 1 \\
={} &(r(x - a_1)(x - a_2) \cdots (x - a_n) + 1) \\
&\times (s(x - a_1)(x - a_2) \cdots (x - a_n) + 1)。
\end{aligned}
$$

这个式子让两个明确给出的多项式形成对比。接下来最应该做的事就是比较系数。

通过比较 x^n 的系数可以得到 $1 = rs$，又因为 r 和 s 都是整数，所以有 $r = s = 1$ 或者 $r = s = -1$。先假设 $r = s = 1$，那么上面的多项式等式就变成了

$$(x - a_1)^2(x - a_2)^2 \cdots (x - a_n)^2 + 1$$
$$= ((x - a_1)(x - a_2) \cdots (x - a_n) + 1)$$
$$\times ((x - a_1)(x - a_2) \cdots (x - a_n) + 1)。$$

通过展开和消去处理，上式就变成了

$$2(x - a_1)(x - a_2) \cdots (x - a_n) = 0,$$

但这个结果是很荒谬的（因为该式必须对所有的 x 成立）。对于 $r = s = -1$ 的情形，可以得到类似的结果。这样就完成了整个证明。

习题 3.7 证明：多项式 $f(x) = (x - a_1)(x - a_2) \cdots (x - a_n) - 1$（其中 a_i 是不相等的整数）不能被因式分解成两个次数较小的整系数多项式。(提示：假设 $f(x)$ 可以分解成两个多项式 $p(x)$ 和 $q(x)$，考察 $p(x) + q(x)$。注意，这种特殊的策略也可以应用于问题 3.4，但效果并不是那么理想。)

习题 3.8　设 $f(x)$ 是一个整系数多项式，并且设 a 和 b 都是整数。证明：仅当 a 和 b 是两个相邻的整数时，$f(a) - f(b)$ 才可能等于 1。（提示：因式分解 $f(a) - f(b)$。）

第 4 章

欧几里得几何

当爱斯奇里斯被人们遗忘时，阿基米德却依然被铭记，这是因为语言可以消亡，但数学思想却能永葆青春。

—— 戈弗雷·哈罗德·哈代，

《一个数学家的辩白》

欧几里得几何学可以看作第一个具有现代风格的数学分支（它用到了假设、定义、定理等）。即便到了现在，几何学也依然保持着较强的逻辑性和较严密的结构，其中一些基本结果可以用来系统地处理并解决有关几何对象和几何思想的问题。这种思想在与解析几何相结合时被发挥到极致。解析几何把点、线、三角形和圆放到二维平面坐标系中，进而就把几何问题很自然地转化成了代数问题。然而，几何学真正的魅力却在于：通过反复使用一些显然的事实，可以严谨地证明那些看起来并不是显然成立的结果。下面就以"泰勒斯定理"（欧几里得III, 31）为例来说明这一点。

定理 4.1（泰勒斯定理）　在一个圆中，直径所对应的圆周角是直角。换句话说，在下图中，有 $\angle APB = 90°$。

证明　如果连接点 O 和点 P，那么线段 OP 就把 $\triangle ABP$ 分成了两个等腰三角形（因为 $|OP| = |OA|$ 且 $|OP| = |OB|$；在这里，用 $|AB|$ 来表示线段 AB 的长度）。于是，根据"等腰三角形的两个底角相等"以及"三角形的内角和等于 $180°$"这些

事实，得到

$$\angle APB = \angle APO + \angle OPB = \angle PAO + \angle PBO$$

$$= \angle PAB + \angle PBA$$

$$= 180^\circ - \angle APB。$$

因此 $\angle APB$ 一定是个直角。 □

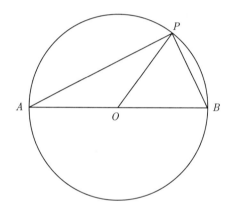

在几何学中，经常会有这样的情况出现：你可以通过画图以及测量角度和长度来验证某些结论，但这些结论乍看起来并不是显然成立的。譬如下面这个定理：把一个四边形的四条边的中点连接起来，得到的图形总是一个平行四边形。这些事实本身就具有某种特定属性。

问题 4.1（澳大利亚数学竞赛，1987，第 12 页） 设 $\triangle ABC$ 是圆的内接三角形，它的三个内角 $\angle A$、$\angle B$ 和

∠C 的角平分线分别与圆相交于点 D、点 E 和点 F。证明：AD 垂直于 EF。

我们要做的第一件事当然是画张示意图，并把已知信息在图中标示出来。

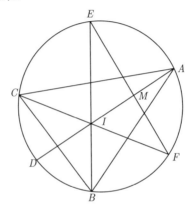

我已经在图中标示出了三角形的内心 I（即三条角平分线的交点，它是很重要的）以及线段 AD 和 EF 的交点 M（也就是将要证明是直角的地方）。于是，我们就可以把想要证明的目标用一个等式来叙述：∠AMF = 90°。

这个问题看起来是能够求解的：示意图很容易画，从图中可以很明显地看出要证明的结论。对于这样的问题，直接法或许是个不错的选择。

我们需要计算出点 M 处的角度。乍看起来，点 M 并没有什么特别，但在补充了某些信息之后，我们就获得了有关其他角度的大量信息，这主要归功于各个角平分线、三角形和圆。只要能求出足够多的角度，那么 $\angle AMF$ 或许就能被算出来。毕竟有很多定理可以利用：三角形的内角之和等于 $180°$；同一条弧上的弦所对应的不同圆周角总是相等的；三角形的三条内角平分线共点。

我们需要从某些角入手。由于"主要"的三角形是 $\triangle ABC$，而且所有关于角平分线、圆以及其他许多信息都是围绕 $\triangle ABC$ 展开的，所以从角 $\alpha = \angle BAC$，$\beta = \angle ABC$ 和 $\gamma = \angle BCA$（习惯上用希腊字母来标记角）入手或许是最好的选择。显然，已有 $\alpha + \beta + \gamma = 180°$。我们还能获得更多有关其他角的信息，比如 $\angle CAD = \alpha/2$（你最好自己动手画一张草图并把角度标示出来）。于是就可以利用"三角形的内角之和等于 $180°$"这一事实来计算其中的某些内角。例如，如果 I 是 $\triangle ABC$ 的内心（即线段 AD、BE 和 CF 的交点），那么通过考察 $\triangle AIC$ 就能容易地算出 $\angle AIC = 180° - \alpha/2 - \gamma/2$。事实上，除了位于点 M 处的那些角之外，几乎可以算出所有相关的角度；而点 M 处的角正是我们所需要的。因此，必须把点 M 处的角用那些与点 M 无关的角来表示，而做到这一点是很容易的。譬如，可以把期望等于 $90°$ 的 $\angle IMF$ 写成

$$\angle IMF = 180° - \angle MIF - \angle IFM = 180° - \angle AIF - \angle CFE。$$

上面这个表达式其实是一种进步，因为 $\angle AIF$ 和 $\angle CFE$ 更容

易计算。实际上，有

$$\angle AIF = 180° - \angle AIC = \alpha/2 + \gamma/2,$$

又因为"长度相等的弦所对应的圆周角也是相等的"，所以

$$\angle CFE = \angle CBE = \beta/2。$$

这样就得到了想要的

$$\angle IMF = 180° - \alpha/2 - \beta/2 - \gamma/2 = 180° - 180°/2 = 90°。$$

对于某些几何问题，直接计算角度是一种很好的求解方法。通常情况下，计算角度要比计算边长更容易些（计算边长需要处理各种繁琐的正弦、余弦定理），而且角度的计算法则记忆起来也更容易。对于那些与边长无关，但与三角形和圆（尤其是等腰三角形）有着密切关联的问题，这种方法是最好的选择。但对于那些比较难求的角，通常需要先计算出很多其他的角。

> **问题 4.2**（泰勒，1989，第 8 页，问题 1）　在 $\triangle BAC$ 中，$\angle B$ 的角平分线与线段 AC 相交于点 D，$\angle C$ 的角平分线与线段 AB 相交于点 E；并且这两条角平分线相交于点 O。假设 $|OD| = |OE|$，证明：$\angle BAC = 60°$ 或 $\triangle BAC$ 是等腰三角形（或两者同时成立）。

先来画张示意图。由于 OD 和 OE 的长度相等，所以在作图时需要一些技巧。但可以在这里使用一些小花招，让 $\triangle ABC$

是等腰三角形或者让 $\angle BAC = 60°$（之所以这样做是因为我们知道这是一定成立的）。于是就有下面两种可能的画法。

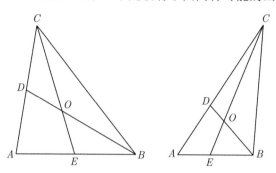

已知的条件只有 $|OD| = |OE|$，而想要证明的是一个看起来有些奇怪的结论：该三角形的两条性质之一成立。但因为这两条性质都与角有关（等腰三角形的两个底角相等，而角平分线显然与角有关），所以可以把本题看作一个与角度有关的问题（至少在刚开始的时候可以这样认为）。

一旦决定把角作为解决问题的突破口，就要把已知条件 $|OD| = |OE|$ 用角来表述。最直接的表达就是：因为 $\triangle ODE$ 是等腰三角形，所以 $\angle ODE = \angle OED$。这让我们看到了解题的希望，但是把 $\angle ODE$ 以及 $\angle OED$ 与其他角联系起来是比较困难的。特别是，我们要证明的就是 $\angle BAC = 60°$ 或 $\angle ABC = \angle ACB$，因此希望这两个角能够用 $\alpha = \angle BAC$，$\beta = \angle ABC$ 和 $\gamma = \angle ACB$ 来表示（另外，$\triangle ABC$ 是"主要"的三角形，所有其他的信息都是由这个三角形得来的。它是一个

逻辑上的参考系, 所有量都应当用这个"主要"的三角形来表示)。不过仍存在其他可以把边长转化为角度的方法。

　　来看一看 OD 和 OE。我们希望能把这两条边与角 α、β 和 γ 联系起来。联系边长和角度的方法有若干种, 比如利用基础三角学、相似三角形、等腰和等边三角形, 以及正弦和余弦法则, 等等。基础三角学需要用到直角和圆, 但我们并没有太多这方面的信息。我们所拥有的关于相似三角形的信息也是非常少的, 而利用等腰三角形的方法也已经考虑过了。余弦法则通常会让问题变得更加复杂而不是变得更简单, 并且它还会引入更多未知的长度。这样, 可行的方法就只剩下正弦法则了。毕竟, 正弦法则可以直接把边长和角度联系起来。

　　于是, 为了利用正弦法则, 需要一两个三角形, 最好是包含了 OD 和 OE 以及多个已知角的三角形。通过观察示意图和估测角度, 我们可以猜到 $\triangle AOD$、$\triangle COD$、$\triangle AOE$ 和 $\triangle BOE$ 或许能派上用场。因为 $\triangle AOE$ 和 $\triangle AOD$ 有一条公共边, 而这应该会让问题变得更加简单, 所以应当从这两个三角形入手。(我们要始终设法寻找联系。只知道两个量相等不一定有用, 除非你能把它们以某种方式联系起来。) 因为只需要考察 6 个点中的 4 个 (即 A、D、E 和 O), 所以可以通过画一张简图来处理这 4 个点。(为什么必须去处理那些没用的杂乱信息呢?)

　　已知 $\angle EAO = \angle DAO = \alpha/2$, 而且根据"三角形的内角之

和等于 $180°$"这一事实可以算出 $\angle AEO = 180° - \alpha - \gamma/2 = \beta + \gamma/2$。类似地,还可以得到 $\angle ADO = 180° - \alpha - \beta/2 = \gamma + \beta/2$。我们还能标出更多连接点 A、D、E 和 O 的角,并最终得到下面这个简图(为了更加清晰,把图进行旋转和放大)。

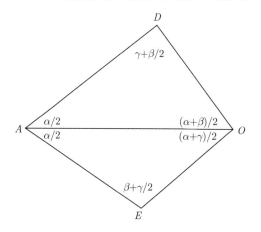

现在使用正弦法则。为了得到关于 $|OD|$ 和 $|OE|$ 的一个有用表达式(这就是最初想要使用正弦法则的原因),我们有

$$\frac{|OD|}{\sin(\alpha/2)} = \frac{|OA|}{\sin(\gamma + (\beta/2))} = \frac{|DA|}{\sin(\alpha/2 + \beta/2)}$$

和

$$\frac{|OE|}{\sin(\alpha/2)} = \frac{|OA|}{\sin(\beta + (\gamma/2))} = \frac{|EA|}{\sin(\alpha/2 + \gamma/2)}。$$

既然有了这两个等式,那么已知信息 $|OD| = |OE|$ 就能发挥作用了。由于边长 $|OA|$ 同时出现在上面两个等式中,应当用

$|OA|$ 把 $|OD|$ 和 $|OE|$ 表示出来:

$$|OD| = |OA|\frac{\sin(\alpha/2)}{\sin(\gamma + \beta/2)},$$

$$|OE| = |OA|\frac{\sin(\alpha/2)}{\sin(\beta + \gamma/2)}。$$

于是, $|OD| = |OE|$ 当且仅当 $\sin(\gamma+\beta/2) = \sin(\beta+\gamma/2)$。(实际上, 可能会有一些荒谬的情况出现, 比如 $\sin(\alpha/2) = 0$。不难看出, 这些荒谬的情况只会出现在极端的退化情形中, 而且这些反常的情况可以容易地进行单独处理。但是要始终记住小心提防这些特殊情形。)

现在已经把关于边长的等式转化成了关于角的等式。更重要的是, 这些角与我们的目标(涉及角 α、β 和 γ)有着密切的联系。因此现在的方向一定是正确的, 而我们的问题也几乎完全转化成了一个代数问题。

不管怎样, 两个正弦值是相等的, 而这又意味着:

$$\gamma + \beta/2 = \beta + \gamma/2$$

或

$$\gamma + \beta/2 = 180° - (\beta + \gamma/2)。$$

离目标越来越近了。等式中不再含有正弦, 并且首次得到了一个含有"或"的命题。不难看出, 第一种情形可以推出 $\beta = \gamma$,

而第二种情形可以推出 $\beta + \gamma = 120°$，进而得到 $\alpha = 60°$。于是，我们在不经意间就完成了目标，这真够奇妙的。

事实的确如此。有时可以很快地把已知信息转化成一个与目标相似的等式（在这个问题中，就是那些涉及角 α、β 和 γ 的式子），然后利用一些简单的代数知识把它转化成想要的结论。这称作**直接法**或者**前向法**。这种方法适用于那些只涉及简单计算，并且目标是一个简单关系式的题目。之所以这样说是因为通过不断地简化和转化信息，我们能够得到一些越来越类似于目标的东西，这样就形成了解题思路。如果目标不是很明确，那么可能要先对目标进行转化，然后再确定应该采取什么样的尝试。下面这个问题就说明了这一点。

> **问题 4.3**（澳大利亚数学竞赛，1987，第 13 页）(*)　设 $ABFE$ 是一个矩形，点 D 是对角线 AF 和 BE 的交点。过点 E 的一条直线与 BA 的延长线相交于点 G，并与 BF 的延长线相交于点 C，且使得 $|DC| = |DG|$。证明：$|AB|/|FC| = |FC|/|GA| = |GA|/|AE|$。

对于几何问题，可以使用前向法（系统地计算出边长和角度）或者后向法（把最后的结论等价地转化成某种更容易处理的形式）。简单地画一张示意图并猜测结论有时会有很大的帮助，但这个问题的示意图画起来却有些困难。怎样才能

确保 $|DC| = |DG|$ 呢？通过几次试验和纠错（同时兼顾结论 $|AB|/|FC| = |FC|/|GA| = |GA|/|AE|$），我们最终画出一张合理的示意图。

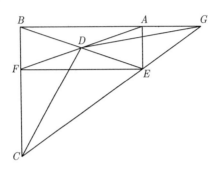

来尝试一下前向法。大刀阔斧的解析几何法冗长且繁琐，常会带来无法预测的复杂性和巨大的错误。所以我们把它看作最后的选择（虽然点 A 处的直角看起来像是一个放置原点和坐标轴的合理位置）。向量几何法在处理类似于 $|DC| = |DG|$ 这样的等式时也不是很好用（但向量几何法通常要比解析几何法更简洁）。那么该如何计算线段长度和角度呢？我们只知道矩形有 4 个直角以及 $|DC| = |DG|$，那么 $\triangle DCG$ 一定是等腰三角形，但这说明不了什么。从点 D 向直线 CG 作垂线或者使用其他类似的辅助方法都不会带给我们多少帮助。（稍后我们将看到，构造一种特殊的辅助线的确有用，但在前向法中这并不是轻易就能想到的。）

接下来尝试后向法。想要证明的是三个比值彼此相等，这

就启发我们要利用相似三角形。能不能利用某些线段,比如
AB 和 FC,来构造三角形呢?这可能行不通,但能用 FE 和
FC 来构造三角形,并且线段 FE 和 AB 的长度是相等的。一
旦确定了一个三角形,那么另外两个与之相似的三角形就应
该能够容易地找出来。仅从图中的 $\triangle FCE$ 中就可以看出(而
且容易证明)它与 $\triangle BCG$ 和 $\triangle AEG$ 是相似的,于是

$$|EF|/|FC| = |GB|/|BC| = |GA|/|AE|。$$

另外,为了与要证的结论相近,上式又可以改写成

$$|AB|/|FC| = |GB|/|BC| = |GA|/|AE|。 \qquad (15)$$

这样就证明了三个比值中的两个 $|AB|/|FC|$ 和 $|GA|/|AE|$ 是
相等的。但是我们想要的第三个比值 $|FC|/|GA|$ 很难与某个
三角形关联起来。然而,通过观察(15) 式中间的比值,我们隐
约发现这两条边 (GB 和 BC) 与 FC 和 GA 存在着某种联系。
实际上,FC 是 BC 上的线段,而 GA 是 BG 上的线段。这暗
示证明

$$|FC|/|GA| = |GB|/|BC|$$

可能比证明

$$|AB|/|FC| = |FC|/|GA| \text{ 或} |FC|/|GA| = |GA|/|AE|$$

更容易。另外,前者更具对称性且只涉及一个等式。

即便将要处理的是"可能更简单"的式子，但好像仍然没有相似三角形可以利用。此时就要对问题展开进一步处理。一种显然的处理方法就是尝试重新排列这些比值。可以通过交叉相乘得到

$$|FC| \times |BC| = |AG| \times |BG|,$$

也可以通过交换比值中的各项得到

$$|FC|/|BG| = |GA|/|BC|。$$

这些做法貌似并没有带来多大的进展。然而项 $|FC| \times |BC|$ 和 $|AG| \times |BG|$ 看起来却有点眼熟。实际上，我们可能会想到下面这个结果（它通常出现在高中数学教材中，但却很少被用到）。

定理 4.2 点 P 是以 O 为圆心，r 为半径的圆之外的一点。PT 是圆 O 的一条切线，与圆 O 相切于点 T。从点 P 发出的一条射线与圆 O 相交于点 Q 和点 R，那么有

$$|PQ| \times |PR| = |PT|^2 = |PO|^2 - r^2。$$

证明 通过观察可知，$\triangle PQT$ 相似于 $\triangle PTR$，从而有 $|PQ|/|PT| = |PT|/|PR|$。同时，又由勾股定理可知 $|PO|^2 = |PT|^2 + r^2$，于是结论得证。 □

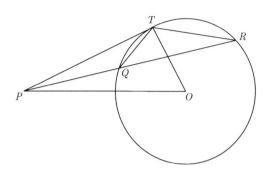

　　为了利用定理 4.2，首先要构造一个圆。因为想要计算的是 $|FC| \times |BC|$ 和 $|AG| \times |BG|$，所以这个圆必须包含点 F、点 B 和点 A。现在恰有一个经过点 F、点 B 和点 A 的圆以 D 为圆心（定理 4.1！）。于是由定理 4.2 可知

$$|FC| \times |BC| = |DC|^2 - r^2$$

和

$$|AG| \times |BG| = |DG|^2 - r^2,$$

其中，r 是圆的半径。又因为还有已知条件 $|DC| = |DG|$，于是结论得证。

　　这是求解纯几何问题的方法：题目中的已知信息看起来少得可怜，而要证明的结论又不是那么显然，因此通常需要采取一种特殊的方法来处理。构造一幅示意图或者采用其他辅助手段或许会让问题变得清晰起来。我们要寻找题目中那些能触发记忆的信息。例如，在某个几何问题中，如果你要证明

的是 $\angle ABC = \angle ADC$，那么可以证明四边形 $ABDC$ 存在一个外接圆（倘若点 B 和点 D 位于线段 AC 的同一侧），这与你要证的结论是等价的。如果你要证明的是 $|AB| > |AC|$，那么可以等价地证明 $\angle ACB > \angle ABC$（假定点 A、点 B 和点 C 是不共线的）。当问题涉及不同三角形的面积时，你可以利用像"等底且等高的三角形面积相等"或者"三角形的底边减半时，其面积也减半"之类的事实来解题。这并不是说让你把所有可能想到的内容都在图中标示出来，并罗列出一堆事实（除非你实在没有其他办法），而是说你应当把握住一些有根据的猜测和大体的思路。有时还可以尝试利用一个特殊或极端的例子来拓宽解题的思路（例如，在上述问题中，可以考虑四边形 $ABFE$ 是一个正方形，或者四边形 $ABFE$ 是退化的，又或者 $|DC| = |DG| = 0$ 时的情形）。与此同时，还应当始终牢记已知条件（$|DC| = |DG|$ 以及 $ABFE$ 是个矩形）和要证明的结论（$|FC| \times |BC| = |AG| \times |BG|$ 或其他等价形式），并试图让你的方法向着一些不寻常的条件或结论靠近（在这个问题中，$|DC| = |DG|$ 看起来就有些不寻常）。毕竟，我们假定要利用全部的条件才能推导出所有的结果，所以每个条件都应以某种方式派上用场。

这里的关键是联想到欧几里得几何学中的某个特殊结论，在这个问题中就是定理4.2。当积累了足够多的求解几何问题的经验之后，就能够通过观察问题的每一部分"抓住"问题的

本质,而这些有用的结论也会出现在我们的脑海中(当其他所有方法都行不通时,这些有用的结论通常也会浮现出来)。倘若没有这样的灵感,那么就应当坚持使用解析几何法或者准解析几何法。(譬如,从点 D 分别向直线 AB 和 BC 做垂线,并用勾股定理来表示 $|DC|$ 和 $|DG|$ —— 这本质上就是无坐标轴的解析几何法。)

问题 4.4 给定三条平行线,(用直尺和圆规)画一个等边三角形,使得每条平行线各包含该三角形的一个顶点。

乍看起来,这个问题简单而且直接(好题目通常都是如此)。然而,一旦试着去画示意图(试一下,但要先画出平行线)就会发现,想要真正使一个三角形满足等边三角形所具备的全部条件是多么具有技巧性。这些条件实在太苛刻了。在尝试了画圆、60° 角以及类似的图形后,我们发现需要一些特殊的技巧才能画好示意图。不过,还是应当试着去画一张尽可能好的示意图(或许可以先画一个等边三角形,然后再擦掉它),并把其中的点和线都标示出来。

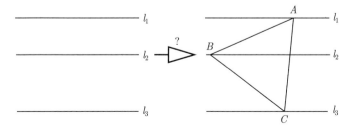

一个明显的猜想就是利用解析几何法。这种方法可能行得通，但是比较繁琐。你最终需要利用二次方程式来估算点的位置，而这并不是解决问题的最佳（或最具几何思想的）方法。通常情况下，我们会把它作为最后的选择。

求解作图问题的标准方法是，取一个未知量（点、线、三角形或者其他某些量）并确定它的轨迹或其他较容易作图的性质。

但在此之前，我们来仔细地观察这个示意图并尝试做一些力所能及的事。不难看出，如果存在一个等边三角形，那么这个三角形将可以沿着平行线滑行，并且仍然满足所有的条件。因此，如果 $\triangle ABC$ 是这样的三角形，那么点 A 可以位于直线 l_1 上的任意一点。当然，点 B 和点 C 的位置将取决于点 A。于是从本质上来说，可以把点 A 放在任何我们想要放的位置上，并且不用担心会因此而失去一般性。真正需要关注的是点 B 和点 C。由此可以看出，直线 l_1 已经变得无关紧要了：它只用来限制点 A 的位置；而当点 A 被固定在 l_1 上的某个任意点处之后，就不再需要 l_1 了。

现在随着点 A 位置的确定，三角形也受到了更多的限制。这些限制或许会让点 B 和点 C 的位置只存在有限种可能的情况。但目前为止我们还不是很清楚。

这个等边三角形目前只有两个自由度：方向和大小。但它同时还有两个限制：一个顶点 B 必须位于直线 l_2 上，而另一

个顶点 C 必须位于直线 l_3 上。从理论上来说，这些条件应该足以固定一个三角形了，但对于像三角形这样复杂的对象，很难看出接下来应该怎么做。目前我们可以做的是，把一个未知量转化成另一个更容易求解的未知量。眼前的未知量就是等边三角形。那么较简单的未知量是什么呢？最简单的几何对象是点。那么可以先确定一个点，例如点 B，而不是整个三角形。因为点 B 被限制在直线 l_2 上，所以它只有一个自由度。什么可以确定点 B 呢？能够确定点 B 的是下面这个事实：以 AB 为边的等边三角形的第三个顶点（即点 C）一定位于直线 l_3 上。这个事实有些复杂，而且它仍涉及等边三角形。能不能找到一种更简单的方法使得点 C 可以用点 A 和点 B 来表示呢？答案是肯定的：让点 B 绕着点 A（沿着顺时针或逆时针方向）旋转 $60°$ 就得到了点 C。于是，问题被简化为：

给定点 A 和不经过点 A 的两条平行直线 l_2 和 l_3。在 l_2 上找出一点 B，使得点 B 围绕点 A 旋转 $60°$ 之后能够落在直线 l_3 上。

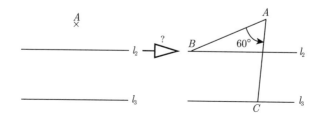

因为现在只有一个未知量（点 B），所以自由度就更少了，而问题也相应变得更简单了。我们希望点 B 能够满足如下两条性质：

(a) 点 B 位于直线 l_2 上；

(b) 点 B 围绕点 A 旋转 $60°$ 之后能够落在直线 l_3 上。

性质 (b) 用起来不太方便，你可以把它转化成：

(b′) 点 B 落在由直线 l_3 围绕点 A 旋转 $60°$ 之后所得的那条直线上。

也就是说，点 B 位于直线 $l_{3′}$ 上，而 $l_{3′}$ 是由 l_3 围绕点 A（沿着顺时针或逆时针方向）旋转 $60°$ 之后得到的。于是上述性质就变成了：

(a) 点 B 位于直线 l_2 上；

(b′) 点 B 位于直线 $l_{3′}$ 上。

换句话说，点 B 是直线 l_2 和 $l_{3′}$ 的交点。就是这样的！我们已经明确地构造出点 B，那么这个三角形也应该能够很容易地得到了。

为了保持完整性，下面给出整个作图流程。

从直线 l_1 上任意选取一点 A。让直线 l_3 围绕点 A（沿着顺时针或逆时针方向：对于每个给定的点 A，点 B 都有两个解）旋转 $60°$，并把旋转后的直线与 l_2 的交点记作点 B。将点 B 反向旋转 $60°$ 之后就得到了点 C。

注意,当三条直线不平行时,只要它们彼此间的夹角不是 60°,上面这种作图法就仍然适用。因此,平行线这个条件只不过是个干扰信息而已。

作图问题的解题思路与代数问题一样,都是"求解"一个未知量,比如这个问题中的点 B。通过对已知条件的不断转化,我们得到了一个形如"点 B 是……"的命题。为了给出一个类似的代数问题,假定我们希望求出能够满足下列条件的 b 和 c:

- $b+1$ 是偶数;
- $bc = 48$;
- c 是 2 的方幂。

为了解出 b,现在把上述三个条件中的 c 消掉,于是就得到了:

- b 等于一个偶数减 1(也就是说,b 是个奇数);
- b 等于 48 除以某个 2 的方幂(即 $b = 48, 24, 12, 6, 3, 1.5, \cdots$)。

通过比较奇数集和由 48 除以 2 的方幂所得到的全体数构成的集合,我们发现 $b = 3$。对于那些涉及多个变量的问题,采用逐步消元法通常会使问题更容易求解。这种方法对于求解几何作图问题同样有效。

习题 4.1 设 k 和 l 是两个圆,它们相交于点 P 和点 Q。过点 P 做一条直线 m 使得该直线不经过点 Q,并同时满

足下列性质: 如果直线 m 与圆 k 相交于点 B 和点 P, 并与圆 l 相交于点 C 和点 P, 那么就有 $|PB| = |PC|$; 参见下图 (提示: 找出点 B)。

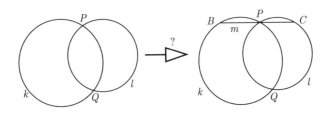

习题 4.2 给定一个圆以及圆内的两点 A 和 B。如果可能的话, 构造出圆的一个内接直角三角形, 使得该三角形的一条直角边经过点 A, 另一条直角边经过点 B; 参见下图 (提示: 找到三角形的直角顶点)。

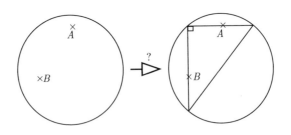

习题 4.3(*) 给定四个点 A、B、C 和 D。如果可能的话, 构造一个正方形, 使得该正方形的每条边分别经过上述四

点中的一个; 参见下图。[提示: 非常遗憾, 构造这样一个正方形是很困难的, 哪怕只是找出这个正方形的一个顶点(正如在前面的问题中所做的那样)也并不容易 —— 我们所知道的只不过是顶点被限制在固定的圆上而已。解决这个问题的一种方法是确定该正方形的一条对角线。对角线的确定需要用到下面这些要素: 方向、位置和端点。一条对角线就可以确定一个唯一的正方形, 而单独一个顶点却不容易做到这一点。如果你真的束手无策, 那么就试着去画一张漂亮的大示意图: 首先画一个正方形, 然后画出它的四个顶点, 接下来分别画出以 AB、BC、CD 和 DA 为直径的圆, 并标出对角线。充分利用这些圆所具备的优势来计算角度, 找相似三角形, 等等。一个真正重要的提示是: 仔细观察对角线和圆的交点。另一种解题方法是: 利用旋转、反射和平移让一条边与另一条边基本重合, 由此来找到一条特殊的边。总之, 这种解法与上述方法类似。]

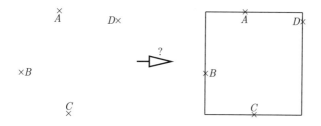

问题 4.5（泰勒，1989，第 10 页，问题 4） 如下图所示，一个正方形被划分成五个矩形。四个外围矩形 R_1、R_2、R_3 和 R_4 的面积相等。证明：内部矩形 R_0 是个正方形。

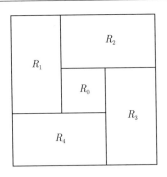

这是另一个"结论不寻常"的问题。乍看起来，四个外围矩形的面积相等这一事实似乎并不能推出内部矩形是个边长相等的正方形。首先，你可能会觉得题目给出的已知条件太宽泛了。毕竟，具有固定面积的矩形可能是长且窄的，也可能是短而宽的。为什么不能通过调整外围矩形的形状来达到让内部矩形变形的目的呢？做个简单的尝试就能明白为什么这样做行不通：每个矩形都会受到它相邻矩形的限制。例如，示意图中的矩形 R_1 被矩形 R_2 和 R_4 "限制住了"。如果想要对 R_1 的形状做出调整，那么 R_2 和 R_4 的形状必将发生改变，而这又会进一步导致 R_3 变形。但是矩形 R_3 不可能同时满足 R_2 和 R_4 的要求，除非两者对 R_3 的要求是一致的。在下图中，

矩形 R_3 可以与 R_2 或者 R_4 相匹配，但不能同时与两者匹配（还要记住 R_3 与 R_2 和 R_4 的面积是相等的）。我们开始领悟到这个问题该如何去"求解"了：因为要保持外围矩形的面积相等，而"齐平拼接"也具有一定的困难，所以唯一可行的方法就是让内部矩形为正方形。我们应该不太可能脱离这个对称的卜字形结构。下图给出的这个例子将说明什么情况下会出现错误。

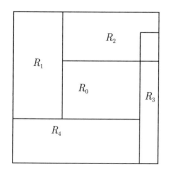

为了能够进一步地推导，需要引入一些记号：更具体地说，需要使用一些变量来表述全体几何对象的大小。通过对这一结构发生的"变动"进行讨论，可以看出，一个矩形（比如矩形 R_1）将决定所有其他矩形的位置。R_1 使得 R_2 和 R_4 固定在某个具体的位置，而这又进一步确定了 R_3 所在的位置。于是就有了一种代数方法：假设矩形 R_1 的尺寸是 $a \times b$，大正方形的边长是 1，我们来求其他所有矩形的大小，尤其是 R_0 的大小。这种方法很有说服力：最终将得到有关矩形 R_3 的两个方程（如果处理的方式不一样，也可能得到关于 R_1、R_2 或 R_4 的方程），从而就可以得到 a 和 b 的一个关系式。（并非任意尺寸的 R_1 都可行：实际上，我们要证明仅当 R_1 能使得中间的矩形为正方形时，才是有效的 R_1。）下面这个示意图对上述讨论做出了总结。

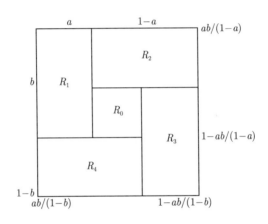

为了让 R_3 的面积满足要求，令 $(1 - ab/(1 - a)) \times (1 - ab/(1 - b)) = ab$，由此可以求出 a 和 b 的值，这样就保证了 R_0 是正方形。这种方法是可行的，但在代数计算方面有些繁琐，因此来尝试一种更简单、更直观，而且对坐标的依赖性更弱的方法（这种方法的主要思想实际上就是利用坐标）。

我们想要证明的是"仅当 R_0 是正方形时，所有的条件才能得到满足"。但是证明这一点有些困难。我们已经说明了所有量都可以用矩形 R_1 来表示。在这种情况下，矩形 R_1 可以被称作主要图形：也就是说，其他所有构造都依赖于它。一旦有了这个参照点，就可以把全部精力都集中在一个矩形上。因为 R_0 不像其他矩形那样容易成为"主要图形"，所以不必证明矩形 R_0 的相关结论。可以证明与矩形 R_1 有关的结论，这要更容易些。

上图似乎表明了 $a+b$ 应该等于 1。实际上，如果 $a+b$ 等于 1，那么矩形 R_2 的水平边长就一定是 $1-a=b$。又由 R_1 和 R_2 的面积相等可知，R_2 的垂直边长就等于 a，进而可得矩形 R_3 的垂直边长等于 $1-a=b$，依此类推。这与前文提到的"卐字形"结构非常吻合，而我们也可以观察到 R_0 是一个边长为 $b-a$ 的正方形。于是我们提出一个中间目标，即证明 $a+b=1$。由于所有量都可以用 a 和 b 来表示，希望这个目标能更容易实现。但是用矩形 R_0 来表示所有的量就不是那么容易了。

总而言之，已经证明了下面这个关系链中的第二个蕴含关系。

$$\boxed{\text{矩形 } R_1,\cdots,R_4 \text{ 面积相等}} \Longrightarrow \boxed{a+b=1}$$
$$\Longrightarrow \boxed{R_0 \text{ 是正方形}}$$

那么现在只需要证明第一个蕴含关系就可以了。

从解析几何方法中可以看出，虽然已知条件能够容易地转化成表达式，但是想要从这些表达式中推导出结论却并不是那么简单。尽管"面积相等"看起来像是一个形式非常优美且较容易处理的条件，但题目中只给出了一系列相等的乘积，而这些相乘的项又与其他等式有关，因此这个条件实际上更像是求解问题的障碍。但可以反向思考：试着去证明

$$\boxed{a+b\neq 1} \Longrightarrow \boxed{\text{矩形 } R_1, \cdots, R_4 \text{ 面积不相等}},$$

或者利用反证法去证明

$$\boxed{a+b\neq 1} \ \& \ \boxed{\text{矩形 } R_1, \cdots, R_4 \text{ 面积相等}} \Longrightarrow \boxed{\text{矛盾}}.$$

　　注意，在使用反证法证明时，尽管刚开始有很多信息可以利用，但最终的结论却是非常开放且不确定的。这种策略非常适合前面所采用的定性分析法：我们不可能去改变这种对称的结构，不然所有矩形都会失去平衡。因此我们会把更多的精力放在反证法上。

　　假设 $a+b$ 过大，也就是说 $a+b$ 大于 1，但同时这四个矩形能够以某种方式保持面积相等。接下来我们就要推出一个矛盾。倘若有一个相当大的矩形 R_1，那么会有什么情况发生呢？R_1 将迫使矩形 R_2 变得更短 [①]。实际上，R_2 的水平边长等于 $1-a$，这个值比 R_1 的垂直边长 b 更小，于是 R_2 要比 R_1 短。又因为两个矩形的面积相等，所以 R_2 的垂直边长要

---

① 此处的"长短"均指矩形的长边，"宽窄"均指矩形的短边。——编者注

比 R_1 的水平边长更长，因此 R_2 比 R_1 更宽。现在再来看一下 R_3：按照类似的逻辑推理可知，R_3 必定会比 R_2 更宽。再次利用同样的推理可得，矩形 R_4 一定比 R_3 更宽。我们最终会得到：矩形 R_1 一定比矩形 R_4 更宽、更短。这就意味着 R_1 比自身更宽、更短，显然是很荒谬的。这样就找到了矛盾。当 $a+b$ 小于 1 时也会有类似的状况发生：矩形都将变得更窄、更长，而最终我们会推出 R_1 一定会比自己更窄。这就是个矛盾。

这个问题很好地说明了"一图胜千式"。另外还要记住，使用不等式有时要比使用等式更简单、更高效。

习题 4.4 找出满足

$$x^p + y^q = y^r + z^p = z^q + x^r = 2$$

的所有正实数 x, y, z 和所有正整数 p, q, r。（提示：虽然这个问题没有涉及几何知识，但它的解法与问题 4.5 类似。）

问题 4.6（AMOC 对应问题，1986–1987，第一集，问题 1） 设 $ABCD$ 是一个正方形，k 是一个以 B 为圆心且经过点 A 的圆，l 是正方形内以 AB 为直径的半圆。设 E 是位于 l 上的点，并且 BE 的延长线与圆 k 相交于点 F。证明：$\angle DAF = \angle EAF$。

像往常一样，先画一张示意图。

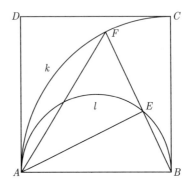

现在要证明两个角相等。由于题目中缺少有关边长的信息，我们似乎完全可以通过角度来求解问题。毕竟，圆与角度总是紧密相连的。但是 $\angle DAF$ 和 $\angle EAF$ 这两个特殊的角好像并没有很明显的关联。为了建立这两个角之间的联系，需要用"关系更密切"的角来表示它们。

从 $\angle DAF$ 入手。$\angle DAF$ 与任何三角形都没有关联，但它与圆 k 有关。这里可以运用一个古老的小定理（欧几里得III，32），即一条弦所对应的圆周角等于该弦所对应的弦切角。在这里，我们可以说 $\angle DAF = \angle APF$，其中 P 是圆 k 上的任意一点，它位于包含点 C 的弧 AF 上。例如，可以说 $\angle DAF = \angle ACF$。尽管 $\angle ACF$ 和 $\angle DAF$ 一样没有多大意义，但由于它是一个圆周角，就这意味着它等于相应圆心角的一半，即 $\angle ACF = 1/2\angle ABF$。因为 $\angle ABF$ 与某些三角形和圆相关联，所以它看起来是一个更"主流"的角。因此，$\angle DAF = 1/2\angle ABF$ 是一个令人非常满意的结果。

现在来处理 $\angle EAF$。这个角要比角 $\angle DAF$ 更难应付，因为它与其他任何角都没有直接关联。然而 $\angle EAF$ 与某些更容易处理的角，比如 $\angle DAB$ 和 $\angle EAB$ 等，有公共顶点。于是 $\angle EAF$ 可以用与其关系密切的角来表示，例如

$$\angle EAF = \angle BAF - \angle BAE$$

或者

$$\angle EAF = \angle DAB - \angle DAF - \angle BAE。$$

第一个等式中含有一个非常容易处理的角 $\angle BAE$ 和一个不太好用的角 $\angle BAF$。但是，第二个表达式却具备了更多的优点：因为 $\angle DAB$ 等于 $90°$，并且已经求解出 $\angle DAF$，于是就有

$$\angle EAF = 90° - \frac{1}{2}\angle ABF - \angle BAE,$$

其中 $\angle BAE$ 和 $\angle ABF$ 都在同一个三角形 $\triangle ABE$ 中。由于已经把 $\angle DAF$ 和 $\angle EAF$ 用 $\triangle ABE$ 中的角表示出来了，于是自然就应该把注意力集中到这个三角形上。

$\triangle ABE$ 内接于一个半圆。这提醒我们应该使用泰勒斯定理（定理 4.1），由该定理可知 $\angle BEA = 90°$。因为三角形的内角之和等于 $180°$，所以这样就把角 $\angle ABF$ 和 $\angle BAE$ 联系在一起了。准确地说，我们得到了 $\angle ABF + \angle BAE + \angle BEA = 180°$，从而就有 $\angle BAE = 90° - \angle ABF$。现在把这个式子代入 $\angle EAF$

的表达式，就可以得到

$$\angle EAF = 90^\circ - \angle ABF/2 - \angle BAE$$
$$= 90^\circ - \frac{1}{2}\angle ABF - (90^\circ - \angle ABF)$$
$$= \frac{1}{2}\angle ABF。$$

这与之前得到的 $\angle DAF$ 的表达式是相同的。于是就证明了 $\angle EAF = \angle DAF$。当然，在给出具体证明时，还需要对上述过程进行整理，得到下面这样一长串等式：

$$\angle DAF = \vdots$$
$$= \vdots$$
$$= \vdots$$
$$= \angle EAF。$$

不过在寻求答案的过程中，没必要写得这么正式。如果你知道自己想要做的是什么，那么计算出 $\angle DAF$ 和 $\angle EAF$，并期望它们能够等于某个中间量也是个不错的想法。只要不断地尝试简化问题并建立一些联系，那么解决问题的机会就会很快出现在我们面前。（当然，在这里我们假定问题是有解的，而且大部分问题都不会出现无解的状况来让你为难。）

第 5 章

解 析 几 何

几何思维并不仅限于几何学，它还可以脱离几何学而应用于其他学科领域。在其他条件等同的情况下，如果假以几何思维之手，那么不管是在伦理道德、政治、评论，还是在口才方面，都会把事情做得更加优雅完美。

—— 伯纳德·丰特奈尔，

《论数学和物理学的用途》

本章的问题将涉及几何概念和几何对象，但解答这些问题需要用到其他数学分支的思想，比如代数、不等式、归纳法等。一种非常好用的解题技巧是：用向量来表述几何问题，这样就可以使用向量的运算定律了。下面给出一个例子。

> **问题 5.1**（澳大利亚数学竞赛，1987，第 14 页）　一个正 n 边形内接于一个半径为 1 的圆。设 L 是由连接多边形顶点的所有线段的不同长度构成的集合。那么 L 中所有元素的平方和是多少？

首先，为"L 中所有元素的平方和"起一个简短的名字，比如"X"。我们的任务是计算 X。这个问题称为"可行"问题：它既不是"证明 ……"类型的问题，也不是"是否存在 ……"类型的问题，而是要算出某个数的值。譬如，可以通过直接运用三角学知识或者勾股定理来得到这个数。例如，

当 $n = 4$ 时，能得到单位圆的一个内接正方形。此时，连接正方形顶点的所有线段的不同长度有：边长 $\sqrt{2}$ 以及对角线长 2，所以 $X = \sqrt{2}^2 + 2^2 = 6$。类似地，当 $n = 3$ 时，我们只能得到一个长度，即边长 $\sqrt{3}$，那么此时 $X = \sqrt{3}^2 = 3$。由于 $n = 5$ 时的结果不容易计算（除非你知道大量正弦值和余弦值），暂时忽略它并去考察 $n = 6$ 时的情况。当 $n = 6$ 时边长等于 1，较短的对角线长度为 $\sqrt{3}$，较长的对角线（直径）长度为 2，于是在这种情形下就有 $X = 1^2 + \sqrt{3}^2 + 2^2 = 8$。最后考察 $n = 2$ 时的退化情形。此时的"多边形"就是一条直径，所以 $X = 2^2 = 4$。于是计算出了一些特殊情形下的 X 值，如下所示。

n	X
2?	4?
3	3
4	6
6	8

$n = 2$ 的情形被标记了"?"，这是因为"具有两条边的多边形"这种说法有点不恰当。

对于解答一般情形下的问题，上面这个小表格提供不了太多线索。接下来先画一张示意图，并在图中标示出顶点，这或许能为解题带来很大帮助。当 n 取某个固定值时（例如 $n = 5$ 或 $n = 6$ 时），可以把顶点标记为 A, B, C 等；但对于一般情形

下的 n，把顶点标记为 $A_1, A_2, A_3, \cdots, A_n$ 可能会更方便，如下图所示。

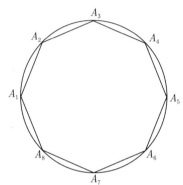

现在就进行初步的观察和猜想。

(a) n 取奇数和偶数时的情形是不一样的。当 n 取偶数时，有较长的对角线。实际上，如果 n 取偶数，那么就有 $n/2$ 条不同的对角线；如果 n 取奇数，则有 $(n-1)/2$ 条对角线。

(b) 问题的答案应该总是一个整数。但这并不是一个很有把握的猜想，因为处理的是一些非常特殊的正方形、六边形和等边三角形，它们的边长都需要开平方根。不过，这同时也让我们看到一般解或许会更整洁的希望。

(c) 要计算的是长度的平方和，而非长度自身的和。这让人立即想到应放弃纯几何学的知识，而是考虑利用解析几何来求解：这启发我们使用向量、坐标几何或者复数（这些方法在本质上是一样的）。在求解涉及三角和的问题时,坐标几何法是一种求解过程缓慢但却很可靠的方法,向量几何和复数这两种方法看起来则有更大的利用价值(向量几何法可以利用点乘,复数则可以利用复指数)。

(d) 想要直接求解出问题的答案几乎是不可能的,其原因在于要计算的不是所有对角线长度的平方和,而是所有具有不同长度的对角线的长度平方和。但是可以重新叙述这个问题,使它更容易转化成一个方程(方程是一种可靠的数学工具,尽管它不像示意图和解题思路那样具有启发性,但操作起来是最容易的。一般情况下,我们总是把想要的结论叙述为某种类型的方程,尽管在组合数学或者图论中可能存在一些例外的情况)。不过,倘若只考虑从多边形的某个定点出发的所有对角线,那么所需要的全部长度都将包含在其中。

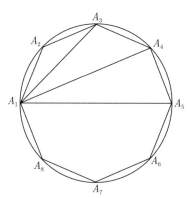

例如，在上图中 n 是偶数，并且有 4 条长度不同的对角线。如果你只考察上半圆，那么对角线的每个长度都恰好出现一次。长度 $|A_1A_2|$、$|A_1A_3|$、$|A_1A_4|$ 和 $|A_1A_5|$ 涵盖了我们想要的所有长度。换句话说，问题的答案可以写成下面这个式子：$|A_1A_2|^2+|A_1A_3|^2+|A_1A_4|^2+|A_1A_5|^2$。对于更一般的情形，我们想要计算的就是 $|A_1A_2|^2+\cdots+|A_1A_m|^2$；其中，当 n 是偶数时 $m=(n/2)+1$，当 n 是奇数时 $m=(n+1)/2$。因此可以给出这个问题的一种更明确的表述。

> 设以点 $A_1,A_2,\cdots,A_n$ 为顶点的正 n 边形内接于一个半径为 1 的圆。当 n 为偶数时，令 $m=(n/2)+1$；当 n 为奇数时，令 $m=(n+1)/2$。计算量 $X=|A_1A_2|^2+\cdots+|A_1A_m|^2$ 的值。

和式 $|A_1A_2|^2+\cdots+|A_1A_m|^2$ 最终以 A_m 为结尾，而不是以更常见的 A_n 为结尾，这使得计算不太方便。但是可以用"加倍"的方法来解决这个问题（就像在问题 2.6 中那样）。根据对称性，有 $|A_1A_i|=|A_1A_{n+2-i}|$，于是

$$X=\frac{1}{2}(|A_1A_2|^2+|A_1A_3|^2+\cdots+|A_1A_m|^2$$
$$+|A_1A_n|^2+|A_1A_{n-1}|^2+\cdots+|A_1A_{n+2-m}|^2)。$$

注意，当 n 为偶数时，对角线项 $|A_1A_{n/2+1}|^2=4$ 计算了两次。对上式进行整理，同时为了保证对称性，把上式再加上

$|A_1A_1|^2$ 这一项（因为该项等于 0）。于是，当 n 为奇数时有

$$X = \frac{1}{2}\left(|A_1A_1|^2 + |A_1A_2|^2 + \cdots + |A_1A_n|^2\right), \qquad (16)$$

当 n 为偶数时有

$$X = \frac{1}{2}\left(|A_1A_1|^2 + |A_1A_2|^2 + \cdots + |A_1A_n|^2\right) + 2。 \qquad (17)$$

（上式中的 2 来自于额外的对角线项 $|A_1A_{n/2+1}|^2 = 4$ 与 $1/2$ 的乘积。）现在就可以很自然地引入量

$$Y = |A_1A_1|^2 + |A_1A_2|^2 + \cdots + |A_1A_n|^2, \qquad (18)$$

并试着计算 Y 的值，而非 X 的值。这样做的好处在于以下几点。

- 一旦知道了 Y 的值，就可以根据 (16) 式和 (17) 式马上推出 X 的值。
- Y 具有比 X 更好的形式，从而 Y 有望更容易计算。
- 在求 Y 的过程中，不必区分 n 是偶数还是奇数，这样就减少了工作量。

再来回顾一下前面 $n = 3, 4, 6$ 这些较小取值时的表格，并计算出这些情形所对应的 Y 值（可以利用 (16) 式和 (17) 式）。

n	X	Y
2?	4?	4?
3	3	6
4	6	8
6	8	12

根据这个表格，可以推测出 $Y = 2n$。由 (16) 式和 (17) 式可知，这意味着当 n 为奇数时 $X = n$；当 n 为偶数时 $X = n+2$。这或许就是正确答案，但还需要进一步给出证明。

现在是时候来使用向量几何了，因为它提供了一些有用的工具来处理像 (18) 式这样的表达式。因为向量 v 的长度的平方可以简单地用它自身的点乘运算 $v \cdot v$ 来表示，所以可以把 Y 写成

$$Y = (A_1 - A_1) \cdot (A_1 - A_1) + (A_1 - A_2) \cdot (A_1 - A_2) + \cdots$$
$$+ (A_1 - A_n) \cdot (A_1 - A_n)。$$

此时，$A_1, \cdots, A_n$ 被看作向量，而不是点。可以把坐标原点放在任意位置上，但是最符合逻辑的做法是以圆的中心为坐标原点（次优做法是让 A_1 作为坐标原点）。把坐标原点放在圆心位置上，最直接的优势就在于所有向量 $A_1, \cdots, A_n$ 的长度都等于 1，于是就有 $A_1 \cdot A_1 = A_2 \cdot A_2 = \cdots = A_n \cdot A_n = 1$。特别是，可以利用向量运算得到

$$(A_1 - A_i) \cdot (A_1 - A_i) = A_1 \cdot A_1 - 2A_1 \cdot A_i + A_i \cdot A_i = 2 - 2A_1 \cdot A_i。$$

于是 Y 可以展开成

$$Y = (2 - 2A_1 \cdot A_1) + (2 - 2A_1 \cdot A_2) + \cdots + (2 - 2A_1 \cdot A_n)。$$

经过合并和化简处理，得到

$$Y = 2n - 2A_1 \cdot (A_1 + A_2 + \cdots + A_n)。$$

已经猜到 $Y = 2n$ 了。如果可以证明向量和 $A_1 + A_2 + \cdots + A_n$ 等于 0，那么猜想就得到了证实。由对称性可知，这是显然成立的。（由于这些向量以同样的力度朝着各个方向"拉伸"，它们合成的结果就一定为 0。也可以说，正多边形的质心与它的中心是重合的。我们总是在设法利用对称性。）于是 $Y = 2n$，那么就可以进一步得到，当 n 为奇数时 $X = n$；当 n 为偶数时 $X = n + 2$。

有些人可能对上面轻描淡写地论述 $A_1 + \cdots + A_n = 0$ 的对称性感到不满。可以利用三角学或者复数的知识来给出一个更具体的证明，但这里还有一种更清晰的方法来论证对称性，或许能让你更加满意：记 $v = A_1 + \cdots + A_n$。现在让整个平面围绕原点旋转 $360°/n$，这使得所有顶点 $A_1, \cdots, A_n$ 都移到下一个顶点位置处，但它们的和 $v = A_1 + \cdots + A_n$ 并没有发生改变。换言之，v 围绕原点旋转 $360°/n$ 之后仍然回到起始位置，而能使上述结论成立的 v 只能是 $v = 0$，于是得到了想要的 $A_1 + \cdots + A_n = 0$。

对于上述论证，可以给出物理解释。事实上，平方和 Y

根本就是 A_1 的转动惯量，于是可以利用平行轴的施泰纳定理（博查特，1961，第 370 页）将旋转点移到重心位置上。

习题 **5.1**(**)　证明：单位立方体在任意平面上的投影面积等于该立方体在该平面垂线上的投影长度。[提示：存在一种简单的向量解法，但这种方法要求熟练应用向量叉乘以及相关运算。首先，选取一个好的坐标系，并找出你认为最容易处理的向量。然后，利用向量的叉乘、点乘运算以及大量成对的垂直向量所带来的便利，写出题目要证明的结论并进行相关运算。此外，还要利用某些向量 v 具有单位长度这一事实（从而有 $v \cdot v = 1$）。最后，一旦找到了解题方法，你就可以重新书写证明过程，并进一步观察利用向量求解有多么简洁。]

问题 **5.2**(*)　一个矩形被划分成若干个小矩形，其中每个小矩形都至少有一条长度为整数的边。证明：这个大矩形至少有一条长度为整数的边。

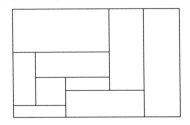

这个问题看起来很有意思，应该会有一个令人满意的解答。但是这个结论有些奇怪：如果每个小矩形都有一条（也可能有很多条）长度为整数的边，那么为什么大矩形也应该有一条长度为整数的边呢？如果研究的对象不是矩形，而是线段，那么情况就变简单了：因为长线段是由若干个长度为整数的小线段组成的，所以长线段的长度就是若干整数之和，当然就是个整数。这种一维情形不能直接为二维情形提供明显的帮助，但却提示我们利用下面这条线索：整数之和仍然是一个整数。根据这个事实，我们立即想到引入一个便于使用的概念"整数边"，即长度为整数的边。

但是，这个问题还可能与拓扑学、组合学，甚至更复杂的数学分支有关联。之所以这么说主要是因为题目中提到了"划分"一词。这样的说法有点太笼统了。为了把握好这个题目，来尝试下面这种最简单（但并不平凡）的划分。

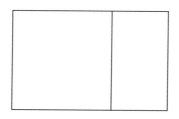

我们得到了两个小矩形，并且它们都至少有一条整数边。但这些整数边可能是水平的，也可能是垂直的，无法确定具体是哪种情况。假设左侧的小矩形有一条垂直的整数边。因为这条垂直边的长度与大矩形垂直边的长度相等，所以就证明了大矩形有一条整数边。那么，接下来就假设左侧的小矩形有一条水平的整数边。

按照类似的推理过程，可以假设右侧的小矩形有一条水平的整数边。因为大矩形的水平边长等于两个小矩形的水平边长之和，所以大矩形就有一条水平的整数边。因此，对于大矩形被划分成两个小矩形这种特殊情形，我们完成了对这个问题的证明。但它应该如何推广到一般情形呢？（仅当例子能够揭示出如何解决一般问题时，它才是有用的。）通过观察上述证明过程，发现如下两个关键要素。

(a) 必须分情况讨论。这是因为每个小矩形的整数边可能是垂直的，也可能是水平的。

(b) 证明大矩形有一条垂直整数边的唯一途径是，找到"一系列"具有垂直整数边的小矩形，并且这些小矩形能够以某种恰当的方式"合成"大矩形。下面给出一个例子，其中灰色的小矩形都有一条水平的整数边，于是大矩形也必定有一条水平的整数边。

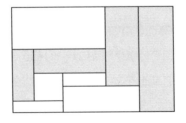

根据这些模糊的想法，我们提出下面这个不很明确的策略。

> 找到一系列具有水平整数边的小矩形或者一系列具有垂直整数边的小矩形，使它们能够以某种方式"合成"大矩形的一条水平整数边或垂直整数边。

要对每一种可能的划分都找到这样一系列小矩形。划分很难处理，而每个小矩形的整数边有可能是水平的，也有可能是垂直的。有些小矩形还可能同时拥有水平的和垂直的整数边。那么该如何去寻找能够处理所有这些可能情况的方法呢？

首先考虑这个问题：这一系列小矩形是如何发挥作用的呢？如果能够找到若干个有水平整数边的小矩形，并且它们像上图中那样一个接一个地紧密"连接"在一起，那么大矩形就有一条水平的整数边，这是因为大矩形的水平边长就等于所有小矩形的水平边长之和。（换句话说，如果你把一堆积木叠加在一起，那么这个构造的总高度就等于所有积木的高度之和。）

在寻找这样一系列小矩形的过程中，我们遇到的一部分困难是：不知道哪些小矩形有水平整数边，哪些小矩形有垂直整数边。为了使可能的情况更形象化，想象全体具有水平整数边的小矩形都被染成了绿色，而全体具有垂直整数边的小矩形都被染成了红色。（同时具有水平整数边和垂直整数边的小矩形也很好处理：指定它们染成两种颜色之一即可。）现在所有的小矩形都被染成了绿色或者红色。接下来就要找到一系列绿色的小矩形，使得大矩形的两条垂直边能够被这些绿色的小矩形连通起来；或者找到一系列红色的小矩形，使得大矩形的两条水平边能够被这些红色的小矩形连通起来。

　　直接证明法好像是行不通的，试一下反证法。假设绿色的小矩形无法连通大矩形的两条垂直边。那么这两条垂直边为什么无法连通呢？其原因在于绿色小矩形的数量不够多：它们必定是被一些红色的小矩形阻断了。能够阻断绿色小矩形连通两条垂直边的唯一方法就是：红色小矩形构成了一个无缝的屏障。但这个由红色小矩形构成的无缝屏障一定可以连通大矩形的两条水平边。因此，要么存在一系列绿色小矩形连通大矩形的两条垂直边，要么存在一系列红色小矩形连通大矩形的两条水平边。（熟悉六贯棋游戏的人或许能看出这里的相似之处。）

　　（顺便提一下，尽管上面这段文字已经很直观地叙述了其中的原理，但是想要严谨地从拓扑学角度来证明它还需要花费些功夫。简单地说，全体绿色区域所构成的集合可以划分成若干相连的子集合。假设所有这些子集合都无法连通大矩形的两条垂直边，那么考虑由左侧垂直边以及与其相连的所有绿色子集合构成的并集，而且这些绿色子集合也必须是彼此相连的。于是，从外侧连接该并集边界的一个小的条形区域将被染成红色, 而这个红色条形区域就可以确定一系列连通大矩形两条水平边的红色小矩形。)

现在还有一个小问题, 即验证那些连通大矩形两条垂直边的绿色小矩形确实能够保证大矩形有一条水平整数边。这里真正成为问题的是那些多余的矩形, 它们很容易被丢掉。仅仅在角上相连的矩形不会是问题, 反向连接的矩形也很容易处理。(只要减去而不是加上相应的整数边就行了, 不过边长之和始终是一个整数。)

> **问题 5.3**(泰勒, 1989, 第 8 页) 平面上存在一个有限点集, 其中任意三点都不共线。一些点由线段相连, 但每个点至多在一条线段上。现在执行下面的操作: 取两条相交的线段, 比如 AB 和 CD, 然后删除它们并用线段 AC 和 BD 来代替。那么, 请问这种操作能否无限地进行下去?

首先应该验证一下, 这种操作不会导致任何退化或者有歧义的状况发生。特别是, 我们不希望出现"长度为零的线段"或者"两条线段重合"的情况。这就是给出"每个点至多在一条线段上"这个条件的原因。总而言之, 这点很容易验证但仍旧应该引起注意。(有时这可能会成为一个疑难问题!)

在尝试过一些例子之后, 答案似乎是"不能"。经过若干次操作, 所有线段都逐渐地靠向外侧, 而且彼此也不再相交。但这只是文字上的简单表述, 我们应该如何用数学语言来描述这个过程呢？

要说明的是，在每次操作之后，这个系统的"线段的靠外性"必定会以某种方式增加。但这个过程不会无限地进行下去，因为该系统只存在有限种可能的构型。最终，"线段的靠外性"达到最大值，这种操作也就停止了。(也就是说，当事情无法继续进行下去时，它就会停止。)

于是，接下来就要做下面这些工作。

(a) 找到系统中某个能用数值来表述的特征。该特征可以是交点的个数、线段的条数，也可以是精心挑选的点的分数之和（就像飞镖游戏中那样）。它必须反映出"线段的靠外性"；也就是说，当所有线段都分散到边缘时，这个数值应当变得更大。

(b) 在每次操作之后，这个特征都必须增大（或者保持不变，但这种特征就弱了很多）。

[例如，熟悉"豆芽游戏"的人可能会注意到，每前进一步（连接两个点并放置第三个点），有效的出口数（一个出口就是指从某个点出发且尚未使用过的一条边；每个点最初都有三个出口）就会减少一个（一条线要用掉两个出口，而一个新的点又会产生一个新的出口）。这表明整个游戏不会无限地进行下去，因为出口总会用完的。]

现在要找到一个能同时满足 (a) 和 (b) 的特征。这里不存在唯一解，因为很多特征都能同时满足 (a) 和 (b)。但只需要一个就够了。最好的方法就是猜测一个简单的特征，并期望它能派上用场。

先来看一下最简单的情形。"点的个数"如何？因为点的个数始终不会发生改变，所以它没有什么用。鉴于同样的原因，"线段的条数"也用不上。"交点的个数"看起来可能会用得着；但在每次操作之后，交点的个数并不总是减少的（尽管最终一定会减少），从下图中可以看出这一点。

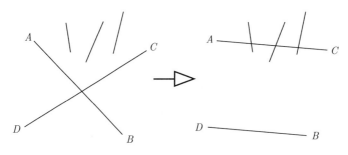

交点由一个变成了三个。

当两条相交的线段变成两条不相交的线段时，什么会减少呢？可以看到，这些线段以某种方式变得更加分散了。从这一点来看，或许可以尝试把"线段之间的距离之和"看作特征，但它处理起来并不容易。然而按照类似的思路，最终会想到"线段的长度之和"这个概念；在每次操作之后，不仅线段变得更加分散，线段长度也会变得更短（三角不等式 —— 三角形的任意两条边长之和总是大于第三边 —— 非常完美地诠释了这一点）。这意味着在每次操作之后，所有线段的长度之和一定会减少。因此这种操作无法循环，也不可能永远进行下去（因为这些点是固定的，所以连接这些固定点的线段只有有限种可能的情况）。问题从而得到了解决。

因为每次操作都会改变两条线段，所以任何被考察的特征都应当用单个线段来表述，而不应该用交点或者其他属性来表述。这些单个的线段实际上只有三种属性：长度、位置和方向。位置和方向这类属性并不会真正地减少或增加。例如，总方向（不管它是什么）不可能在每次操作之后都始终沿着顺时针方向转动；如果真的有规律，为什么是顺时针而不是逆时针方向呢？因此，把位置和方向看作特征并不会带给我们好的结果。顺时针和逆时针之间并不存在真正的差异，但长与短之间却有着明显的区别。基于这一点，我们能够利用的只有"总长度"这一种思路。

问题 5.4（泰勒，1989，第 34 页，问题 2）　有个男孩站在一个正方形的游泳池中央，他的老师（不会游泳）站在游泳池的一个角上。老师奔跑的速度是男孩游泳速度的 3 倍，但男孩比老师跑得快。那么男孩能摆脱老师的追赶吗？（假设两人都可以自由移动。）

先来画一张示意图，并在其中标记一些点。

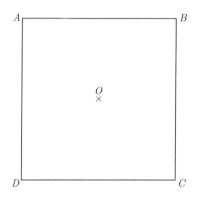

那么男孩就位于图中的 O 点位置,而老师的出发点就是 4 个角的其中之一 —— 不妨把它设为 A 点。还可以把游泳池的边长选为单位长度。

为了解决这个问题,首先应该问一问自己答案应该是什么(只有当你知道自己想要找的是什么的时候,才可能找到问题的真正答案)。根据题目所设定的情形,答案并不十分确定:如果男孩能够逃脱,那么他必定有一个成功的策略;否则,就是老师有一个成功的策略,那么此时无论男孩想什么办法都始终无法摆脱老师的拦截。从数学角度来看,后面这种可能性有点苛刻:必须找到一种策略,能够阻止男孩所有可能的行动 —— 但是男孩有太多太多的选择(他可以在二维空间中自由移动,但老师却只能被限制在一维空间中。)不过,第一种可能性是比较容易处理的,不需要进行大量试错:我们要做的只是猜测出一种巧妙的策略,并证明它是可行的就足够了。当然，证明某种策略可行要比证明所有策略都行不通容易很多。于是，假设男孩可以逃脱。这看起来应该是两种选择中较容易处理的那个：始终优先处理较简易的情况，这样或许能帮助你减少一些艰难的后续工作。（这并非懒惰，而是实用。只要能够很好地完成任务，容易的方法当然要比难的方法好。）

男孩奔跑的速度比老师快，这意味着只要男孩能够上岸并且没被老师拦截住，那他就一定可以逃脱。因此，男孩的首要目标就是离开游泳池。既然已经弄清楚了这一点，那么目前男孩的奔跑速度就不再那么重要了。

在开始设计策略之前，先用常识排除一些行不通的策略，并把若干有望成功的策略选出来。首先，男孩应该会以最快的速度移动。尽管他有可能通过减速获得一些微弱的优势，但老师也能很容易地通过减慢速度来与他保持一致。类似的论述可以说明，停下来是没用的，因为老师也可以停下来等待男孩再次移动（站在男孩的角度上来说，这样僵持下去不可能赢得胜利）。其次，还可以假定老师是不容易对付的，他将始终坚守在游泳池边（为什么要离开泳池边呢？这只会让老师的行动慢下来）。再次，由于男孩想要尽快到达游泳池边缘（或者说，至少要比老师更快到达那里），那么男孩沿着直线这条最短的（从而也是最快的）线路移动或许就是我们答案一部分，尽管在途中突然转弯可能会为男孩带来一些好处。最后，这个策略不应该完全在事先确定下来，而应在一定程度上与老师的行动有关。毕竟，倘若老师知道男孩将蜿蜒前行到泳池一角，比如 B 点，而男孩仍然愚蠢地按照事先确定的计划行事，那么老师只需要直接跑到 B 点等待男孩上岸就行了。

总而言之，男孩的最佳策略中应该包含"以最快的速度沿着直线猛冲"这一点。此外，该策略还应当依据老师的行动进行灵活的改变。

根据这个一般性的指导准则，可以去尝试一些策略。显然，男孩应该朝着远离老师的方向移动：直奔角 A 就不是明智之举。直觉告诉我们，男孩应该沿直线游向 C 点，因为 C 点与 A 点的距离最远。此时，男孩需要游 $\sqrt{2}/2 \approx 0.707$ 个单位长度，而老师则必须沿着线路 $A \to B \to C$ 或 $A \to D \to C$ 到达男孩上岸的位置，他所跑的距离是游泳池的两个边长。不过因为老师奔跑的速度是男孩游泳速度的 3 倍，所以当男孩只游了 $2/3 \approx 0.667$ 个单位长度时，老师已经到达了 C 点。因此，这种方法是不可行的：老师比男孩先到。

采取机动方案要比一味地奔跑好。毕竟，当人们离开游泳池时，首先想到是设法从泳池边上岸，而不是池角。譬如，可以试着让男孩从点 B 和点 C 的中点 M 上岸。在这种情况下，男孩只需要游 $1/2 = 0.5$ 个单位长度，而老师也不必跑那么长的距离，只需沿着线路 $A \to B \to M$ 跑 1.5 个单位长度就可以了。因为老师的速度是男孩游泳速度的 3 倍，所以当男孩上岸时老师恰好把他抓住。

当男孩选择从泳池边上岸时，老师差一点就让男孩跑掉了。如果老师的速度再稍微慢一点，男孩就能够逃脱。这表明了：

- 老师的速度恰好是能够拦截男孩所需的最小速度；
- 老师的速度恰好是能够让男孩逃脱的最大速度。

这让问题变得有些复杂，因为老师的速度似乎处于临界状态。如果老师的速度再稍微慢一点，那么男孩径直游向泳池边就一定可以逃脱。倘若老师的速度变快很多，那么他可能只需要跟随男孩奔跑就行了。比如，当男孩沿顺时针方向移动时，老师也沿着顺时针方向跑，等等。常识无法给出定论，我们还要做些计算。

如果男孩选择游向泳池边，那么老师必须不停地奔跑才能刚好跟上他。换句话说，只要男孩暗示了自己将要移动的方向，那么他就可以迫使老师进行移动。由于男孩在一定程度上拥有主导权，那么这种可以控制双方移动的主导权就变成了一种强有力的工具。能不能对这个工具加以利用呢？

假定男孩沿直线朝着 BC 中点 M 全速前进。在这种情况下，老师只能先跑向点 B 然后再直奔 M 点，除此之外别无选择。如果老师转变方向或者采取其他行动，那么男孩只要持续前进就能在老师之前到达泳池边。然而，男孩没必要一直游到岸边 —— 暗示一下就足以让老师接着跑下去。最后的结果是，男孩能够迫使整个局面变成下面这样的状态。

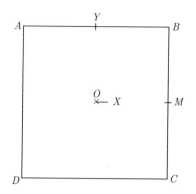

当男孩全速游到泳池中的某点 X 处时，老师一定在 Y 点处（Y 点满足 $|AY| = 3|OX|$）。一方面，男孩到达 X 点之前，老师的速度不足以快到超过 Y 点；另一方面，如果老师没有到达 Y 点，那么男孩继续游向 M 点就可以摆脱老师。因此，此时老师必须在 Y 点处。

现在我们所拥有的信息是：男孩在 X 点处，而老师被迫到达 Y 点处。那么男孩是否有必要继续游向 M 点呢？男孩将要游向 M 点的这个暗示足以让老师到达他现在的位置（Y 点）。但暗示和现实是不一样的。既然老师已经被限制在了 AB 边上，那么男孩为什么不选择朝着对边 CD 猛冲过去呢？他只要游半个边长的距离就可以上岸了，而且这与第一次考虑让男孩冲向泳池边的情况是不同的，此时老师正处于不利的位置。实际上，如果 X 点和 O 点之间的距离不小于边长的四分之一，那么就能很容易地证明：老师距离男孩太远，无法抓住男孩。这样，男孩就能很轻易地逃脱了。

习题 5.2(*)　假设老师奔跑的速度是男孩游泳速度的 6 倍。证明：男孩无法逃脱。(提示：画一个以 O 为中心，边长等于 1/6 个单位长度的虚拟正方形。一旦男孩离开这个正方形，老师就会获得优势。)

习题 5.3(**)　假设游泳池是圆形的，而不是正方形的，那么男孩显然能够逃脱(他只要朝着与老师所在位置相反的方向游去就可以了)。但如果老师奔跑的速度更快，情况又会如何呢？更准确地说，老师抓住男孩所需的最小速度是多少？为了找到一个下界(即为男孩设计一个逃脱策略)并计算出一个上界(需要为老师设计一套完美的移动策略)，我们需要巨大的创造力(或者变分学的知识)。(对于正方形游泳池，也可以提出同样的问题；但与圆形泳池相比，这需要使用更多的技巧。)

第 6 章

其他例题

有时候，数学会被看成一个庞大的体系，就像一棵树那样。它分成若干个大的分支，而这些大分支又各自划分成许多专门的领域。你只有到达树的末端才能看到花朵和果实。

然而，对数学进行如此整洁详细的划分并不是一件容易的事。其原因在于，这些分支之间总会存在一些模糊的领域，而且还有一些特殊领域存在于经典领域之外。

接下来的这些问题既不完全属于博弈论和组合学，也不完全在线性规划范畴之内。它们只不过是一些很有趣问题。

问题 6.1（泰勒，1989，第 25 页，问题 5）　假设某个岛上生活着 13 只灰色的变色龙，15 只棕色的变色龙以及 17 只深红色的变色龙。当两种不同颜色的变色龙相遇时，它们都会变成第三种颜色（例如，一只棕色变色龙和一只深红色的变色龙相遇后，它们都会变成灰色），而且这是它们唯一的变色机会。请问：岛上所有的变色龙最终是否有可能都变成同一种颜色？

题目中的"最终"一词使得这个问题多少有些开放式问题的味道。这意味着，我们需要确定在变色龙所有可能的颜色组合中是否存在这样一种可能性：全体变色龙具有同一种颜色。

从启发式思维的角度来看，首先应该尝试一下"答案是否定的"这种可能性。如果答案是肯定的，那么就应当存在一系列具体的步骤来实现这个目标。这听起来更像是个计算方面的问题，而不是数学方面的。此外，这个问题出自数学竞赛，所以我们有理由相信对这个问题的肯定回答是不正确的。因此，我们试着去证明否定的答案。

为了证明这一点，先弄清楚哪些状态是可以实现的以及哪些状态是无法实现的，或许是个不错的主意。一旦找到了其中的规律，也就有了明确的证明目标。正如在前面几章中所看到的那样，想要解决一个数学问题，你通常需要先猜测一个中间结果。这个中间结果可以推导出结论，但它在逻辑上并不与结论等价。虽然从逻辑角度来看你可能需要证明一个更难的问题，但实际上它会提出一个与已知条件更加接近的目标，也会有一个更明确的努力方向。另外一点好处就是，把结论进行推广有助于删除一些无关紧要的信息。

下面给出一个简单的例子。假设在国际象棋棋盘的一个角上放着一个象（象沿对角线移动），我们要证明这个象绝不可能移动到与它相邻的角（即任意一个不与它相对的角）上。不直接证明这个结论，而是去证明更一般的"该象只能移动到具有相同颜色的方格内"这一结论（棋盘是由黑白交错的方格组成的）。从逻辑角度来看，要证的内容变得更多了，但现在很容易就能看出下一步应该怎么做（象每移动一次都会停留在相同颜色的方格中；因此，不管它怎么移动都无法离开这种颜色的方格）。

不管怎样，我们先引入一些恰当的符号（即一些数字和方程）。在任何给定的时刻，唯一的重要信息只能是灰色变色龙的数量、棕色变色龙的数量以及深红色变色龙的数量（题目的设定不允许变色龙有任何其他额外的颜色）。可以用一个三维向量把上述信息有效地表示出来。于是，变色龙的初始状态就是 $(13, 15, 17)$；而题目要问的则是，能否通过改变颜色让变色龙达到 $(45, 0, 0)$、$(0, 45, 0)$ 或者 $(0, 0, 45)$ 的状态。这种改变颜色的操作就是把其中两个坐标分量都减去 1，同时把第三个坐标分量加上 2。因此，我们将得到一个向量表达式，而它实际上就是一个解决问题的突破口。

（下面给出证明的一个简要轮廓。设 $a = (-1, -1, 2)$，$b = (-1, 2, -1)$ 和 $c = (2, -1, -1)$。此时，两只变色龙相遇就可以表示成把向量 a、b 和 c 中的一个加到当前的"状态向量"上。于是，系统所能达到的任何一个状态都必定可以表示成 $(13, 15, 17) + la + mb + nc$ 的向量形式，其中 l、m 和 n 都是整数。因此，要证明的就是像 $(45, 0, 0)$ 这样的向量无法表示成上述形式。这在克莱默法则和初等丢番图运算中是一件很简单的事情。）

来尝试一种更好的方法。就像前面的概述那样，找出变色龙所有可能的颜色组合。首先，变色龙的总量是保持不变的，但这在本题中没有多大用处（尽管在一些类似的问题中，有时考察总体数量会是个不错的想法）。其次，两只颜色不同的变色龙将"融合"成第三种颜色。我们要重点考察这种融合现象。

这类似于把两个水平面高度不同的容器底部连通时它们的水位就会"融合"到中间位置，但两者所容纳的总水量是保持不变的。那么能不能说"颜色总量"保持不变呢？

显然要定义"颜色总量"这个概念，使它能够很好地适用于数学领域。例如，一只灰色的变色龙和一只深红色的变色龙将"融合"成两只棕色的变色龙。如果把灰色的色值设定为 0，棕色的色值设定为 1，深红色的色值设定为 2，那么此时的"颜色总量"就是恒定的（一个 0 和一个 2 合并成两个 1）。但是，当我们试图融合一只深红色的变色龙和一只棕色的变色龙时，上面这种说法就不成立了。这样看起来，好像找不到一个分值体系能够同时适用于融合的所有三种（甚至两种）可能情况。

造成这种困境的原因在于"融合"操作具有循环性，但也不要因此而彻底放弃！取得部分成功（或部分失败）可能是迈向真正成功的其中一步（那么同样地，对于那些微不足道的成功，也不要太过兴奋）。考察三原色：红色、蓝色和绿色。当一束红光和一束绿光重合时，就得到了一束具有双倍亮度的紫色光，即一束非蓝色的光。这三种原始颜色也是相互循环的。根据这种色光原理，我们能否通过类比得到一些启示呢？

这两个问题唯一的本质区别就是，在三原色问题中，红色和绿色合成的是非蓝色，而不是蓝色。但是，等一下！可以利用模运算的方法让蓝色等价于非蓝色。根据这一点，尝试考察 (mod 2) 的向量：向量以 $(1,1,1)$ 为开端，要阻止它变成 $(1,0,0)$、$(0,1,0)$ 或 $(0,0,1)$。遗憾的是，这种做法行不通。但现在我们已经突破了瓶颈，可以去尝试一下其他模数。我们很快想到了模数 3（毕竟，这里循环的颜色有三种）。现在可以采用下述方法中的任何一个来求解问题。

- （向量方法）初始向量 $(13,15,17)$ 现在就变成了 $(1,0,2)$ (mod 3)；而研究结果显示颜色的改变只能使向量变成 $(1,0,2)$、$(0,1,2)$ 和 $(1,2,0)$，绝不可能产生三个目标向量 $(45,0,0)$、$(0,45,0)$ 和 $(0,0,45)$ 中的任何一个，因为它们都等于 $(0,0,0)$ (mod 3)。

- （颜色总量的方法）之前讨论过的计算"颜色总量"的方法为每种颜色的色值指定了一个数。既然已经想到了模数，那么为什么不利用模运算来设定色值呢？例如，把灰色的色值设定为 0 (mod 3)，棕色的色值设定为 1 (mod 3)，深红色的色值设定为 2 (mod 3)。这种方法是可行的，因为总色值一定能够保持不变（融合的三种可能情况都不会改变总色值 —— 你可以自己试一试）。总色值最初等于 $13 \times 0 + 15 \times 1 + 17 \times 2 = 1$ (mod 3)，但我们的三个目标（45 个灰色，45 个棕色或者 45 个深红色）的色值都等于 0 (mod 3)。

习题 6.1 6 位音乐家一同参加某个音乐节。在每场音乐会上，一些音乐家演奏，而其他音乐家都作为观众在台下倾听。为了使每一位音乐家都能作为观众欣赏到其他所有音乐家的表演，请问至少需要安排多少场音乐会？（提示：显然，在一场音乐会上，并不是每一位音乐家都能欣赏到其他所有音乐家的演奏，所以为了保证实现所有"欣赏的可能性"，音乐会一定不止一场。沿着这种思路并引入一种恰当的"记分"方法，你将会得到音乐会场数的一个合理下界。接下来再找到一个满足下界的例子，问题就解决了。）

习题 6.2 3 只蚱蜢位于同一直线上。每一秒，都会有一只（且只有一只）蚱蜢跳过另一只蚱蜢。证明：在 1985 秒之后，3 只蚱蜢的排列次序不可能与初始状态一样。

习题 6.3 假设有 4 枚棋子摆成一个边长为 1 的正方形。现在假设你走棋的次数不受限制；而且你每次走棋都会跳过一个事先选定的棋子，从而到达一个新的位置。同时，这个被跳过棋子与走棋棋子新位置的距离要等于它与走棋棋子原来位置的距离（当然，方向是相反的）。此外，对于两枚棋子距离多远才能这样跳没有任何限制。那么通过移动这些棋子，能否将其重新排成一个边长为 2 的正方形呢？(如果你的思路恰好对路，那么这个问题就有一种非常完美的解法。)

问题 6.2(*)　爱丽丝、贝蒂和卡罗尔三人参加同一系列考试。在每一门考试中，都有一人的分数为 x，另一人的分数为 y，而第三个人的分数为 z；其中 x, y, z 是不同的正整数。在完成所有考试之后，爱丽丝的总分是 20，贝蒂的总分是 10，而卡罗尔的总分是 9。如果贝蒂的代数成绩排名第一，那么谁的几何成绩排名第二？

这个题目给出的信息非常少，我们所知道的似乎只有最后的总分。那么该如何由总分得到各个单科的成绩呢？由于题目中还提供了其他可以利用的信息，应该能够找到答案。首先，在每次考试中（我们并不知道一共有几门考试），都有一个女孩的分数为 x，另一个女孩的分数为 y，第三个女孩的分数为 z。这是一条不寻常的信息，该如何利用它呢？

首先，可以试着把它与第三条信息（即贝蒂的代数成绩排名第一）配合在一起使用。这意味着贝蒂的代数成绩是 x、y、z 三者中最高的那个。为了方便讨论，不妨设 x 是三者中最大的，z 是三者中最小的；也就是说，$x > y > z$（不要忘了已知 x, y, z 是三个不同的数）。我们没有丢失任何信息，而是进一步简化了问题：认为贝蒂的代数成绩是 x 分。

但对于其他科目的考试，我们仍然不太了解她们得分的各种可能性。例如，在几何考试中，可能是爱丽丝得 z 分，贝蒂得 x 分，卡罗尔得 y 分；但也可能是爱丽丝得 x 分，贝蒂得 y 分，卡罗尔得 z 分。在所有这些可能的结果中，有没有哪个量是保持不变的呢？哦 —— 在每次考试中，三个人的分数之和是保持不变的。不管 x、y、z 在三人之间是如何分配的，每次考试的分数之和始终等于 $x+y+z$。关于分数之和，还知道哪些信息呢？我们还知道三个人所有考试的分数之和是 $20+10+9=39$，于是有

$$N(x+y+z) = 39,$$

其中 N 是考试的门数。现在得到了一个与考试门数有关的公式，而之前我们对考试门数几乎一无所知。这将有助于进一步展开论述。

但是，只有单独一个方程好像是不够的。一定要记住 N、x、y、z 都是正整数，而不仅仅是实数。另外，我们还有第四条信息，即 x、y、z 是三个不同的数。这些信息能够帮助我们减少上式中 N、x、y、z 的可能情况。

因为知道 N、x、y、z 都是正整数，所以上面的方程就具有下列形式：

$$(正整数) \times (正整数) = 39。$$

因此，N 和 $x+y+z$ 一定都是 39 的因数。39 的因数只有 1、3、13 和 39 这四个数，于是得到如下四种可能的情况：

(a) $N=1$ 且 $x+y+z=39$；

(b) $N=3$ 且 $x+y+z=13$；

(c) $N=13$ 且 $x+y+z=3$；

(d) $N=39$ 且 $x+y+z=1$。

这四种可能的情况并不都是正确的。例如，(a) 这种可能情况表明了只进行了一场考试，但这与题意是相互矛盾的，因为题目中已经暗含至少进行了两场考试（代数和几何）。对于 (c) 和 (d) 这两种可能情况，除了考试门数不合理之外，由 x、y、z 是三个不同的正整数可知三者之和至少等于 6，这样就说明了它们是不成立的。于是，唯一没有排除的可能情况就是 (b)：一共进行了三门考试，并且 $x+y+z=13$。

现在，可能情况少了很多。但还有两件非常重要的事不太清楚：我们不知道 x、y、z 的精确值以及三个人在每场考试中的具体得分。利用 x、y、z 是三个不同的正整数以及三者之和等于 13 这个事实，第一个问题可以得到部分解决。第二个问题则可以根据贝蒂的代数成绩是 x 分这一事实得到部分回答。那么该如何改进这些不完整的结果呢？

每个人的总分这条信息还没有得到充分利用。通过观察她们的总分，我们发现爱丽丝的成绩比贝蒂和卡罗尔的成绩好很多，这暗示着她可能在每一门考试中都取得了较高的分数（也就是 x 和 y）。但因为贝蒂在一门考试中取得了最高分，所以爱丽丝不可能每门考试都得 x 分；她可能取得的最好成绩是两个 x 分和一个 y 分。类似地，在任何一门考试中，卡罗尔都不太可能取得最高分 x；更可能出现的情况是她大部分成绩都是 z。那么能否把这些推测转化成严谨的数学结果呢？

目前只能回答"或许吧"。下面以爱丽丝的分数为例进行说明。她有可能取得的最高分是 $2x + y$。也许能够证明爱丽丝的总分恰好就是 $2x + y$。毕竟，爱丽丝的成绩比另外两个女孩好很多，因为 20 要远大于 10 和 9。那么爱丽丝的总分还有哪些其他可能的情况呢？她的总分还可能是 $2x + z$，$x + 2y$，$x + y + z$，$x + 2z$，$3y$，$2y + z$，$y + 2z$ 以及 $3z$。最后列出的几个分数看起来太低了，不太可能达到 20 分，所以它们很有可能被排除掉。为了给出上述结论的严谨证明，需要 x、y、z 各自的一个恰当上界。这就是接下来的任务：通过对 x、y、z 的限制来排除若干可能的情况。

关于 x、y、z，我们所知道的全部信息只有 x、y、z 都是整数，$x > y > z$ 以及 $x + y + z = 13$。但这些信息足以对 x、y、z 分别确定一个好的界限。例如，对 z 进行处理。z 的取值不可能太大，否则 x 和 y 也会变得很大，可能导致 $x + y + z$ 大于 13。具体来说，y 至少等于 $z + 1$，而 x 至少等于 $z + 2$。于是

$$13 = x + y + z \geqslant (z + 2) + (z + 1) + z = 3z + 3,$$

这样就得到了 $z \leqslant 3$。在没有给出进一步信息的前提下，$z \leqslant 3$ 就是 z 的最好上界。此时，我们能够得到一个可行的组合 $x = 6$，$y = 4$，$z = 3$。

现在来处理 y。按照与上面类似的思路，用 $y + 1$ 来约束 x。对于 z，只能得到它的一个下界 1。但这些信息已经够用了，有

$$13 = x + y + z \geqslant (y + 1) + y + 1 = 2y + 2,$$

于是 $y \leqslant 5$。这同样是一种最好的可能情况，因为此时存在一个可行的组合 $x = 7$，$y = 5$，$z = 1$。最后，我们对 x 寻找一个界限。因为 z 至少为 1 且 y 至少为 2，所以 $13 = x + y + z \geqslant x + 2 + 1$，于是 $x \leqslant 10$。这也是一种最好的可能情况，因为此时有 $x = 10$，$y = 2$，$z = 1$。

于是我们现在知道了 $z \leqslant 3$，$y \leqslant 5$ 和 $x \leqslant 10$，但我们还可以做得更好。不要忘记，贝蒂得到了一个 x 分和两个其他分数。因为贝蒂的总分只有 10 分，所以 x 不可能等于 10。倘若 $x = 10$，那么贝蒂的另外两门考试就都得了零分。已知所有分数都一定是正整数，因此 $x = 10$ 这种情况不可能发生。实际上，x 也不可能等于 9。否则，贝蒂其他两门考试的分数之和就是 1。这意味着贝蒂有一门考试得了零分，而这又是一个矛盾。因此，实际上 $x \leqslant 8$。现在可以进行更严格的筛选：不难看出，爱丽丝的总分事实上只有 $2x + y$ 这唯一一种可能性，

其他所有可能的情况都无法达到 20。例如，$2x + z$ 最多等于 $2 \times 8 + 3 = 19$。

因此，爱丽丝得到了两个 x 分和一个 y 分。因为贝蒂在代数考试中得了 x 分，所以爱丽丝的代数成绩一定是 y 分。可以把这条信息和其他的已知信息整理成下面这张表格。

考试科目	爱丽丝	贝蒂	卡罗尔	总分
代数	y	x	?	13
几何	x	?	?	13
其他	x	?	?	13
总分	20	10	9	39

现在我们可以看到，卡罗尔的代数成绩一定是 z 分，原因在于 z 是剩下的唯一分数。

我们距离目标越来越近了。在贝蒂和卡罗尔之间，有一个人的几何成绩排名第二，得到了 y 分。但是尚不确定这个人到底是谁。通过观察表格中爱丽丝那一栏，我们得到了另一条信息，即 $y + x + x = 20$。又因为 $x > y$ 且 $x \leqslant 8$，于是能够得到两个解：$x = 8$，$y = 4$ 或 $x = 7$，$y = 6$。根据 $x + y + z = 13$ 可知 $x = 7$，$y = 6$ 是不成立的，因为这会造成 $z = 0$。因此，我们只有唯一的解 $x = 8$，$y = 4$，据此又可以进一步得到 $z = 1$。于是完全确定了 x、y、z 的值，从而取得了重大突破。现在来更新上面的表格。

考试科目	爱丽丝	贝蒂	卡罗尔	总分
代数	4	8	1	13
几何	8	?	?	13
其他	8	?	?	13
总分	20	10	9	39

从表格中能够轻松看出，贝蒂在几何考试和其他考试中都得了 $z = 1$ 分，而卡罗尔在这两门考试中都得了 $y = 4$ 分。因此，问题的答案是：卡罗尔的几何成绩排名第二。

问题 6.3（泰勒，1989，第 16 页，问题 3）　两个人玩一个游戏，他们的道具是由 60 个小块组成的一块 6×10 的矩形巧克力。第一个人沿着划分小块的浅槽掰下一部分巧克力，并把掰下的部分丢掉（或吃掉）。接下来，第二个人按照同样的方法从剩下的巧克力中掰下一部分，然后丢掉。游戏就这样持续进行下去，直到剩下最后一小块巧克力为止。能把最后一小块巧克力留给对方的那个人就是游戏的赢家（即最后一个掰巧克力的人）。请问哪个人有完美的获胜策略？

顺便说一下，在任何一个步数有限的游戏中，一定有个玩家具有某种取得胜利（或者平局）的策略。这可以通过对游戏的最大步数运用归纳法来轻松证明。即便是国际象棋也会受

到这样的限制，尽管目前还没有人发现这种公认极其复杂的策略。因为问题中的这个游戏不会出现平局的状况，所以其中一个玩家必定会有一个完美的获胜策略。这个赢家会是谁呢？

首先，把这个有关巧克力的问题简化成一个数学问题。先对掰巧克力的过程进行形式化。掰过巧克力的人应该都知道，掰巧克力的唯一方法是把它变成两个矩形，而且边缘不是锯齿状或者歪斜的。从本质上来说，我们是把一个 6×10 的矩形缩成一个更小的矩形，并且这个小矩形的长或者宽与原来的矩形是一样的（参见示意图，图中的虚线是被掰开的地方）。这也就是说，当这块巧克力被掰开之后，剩下的那部分是一个与原来的巧克力宽度相等但长度较短，或者长度相等但宽度较窄的矩形。例如，下图中 6×10 的巧克力将被掰成一个 6×7 的矩形（其余 6×3 的巧克力块都被丢掉或吃掉了）。

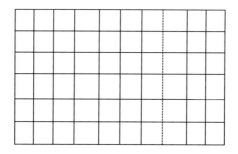

现在为这个矩形引入一些记号，最好是数字符号。该如何用数字来描述这个矩形的巧克力呢？显然，我们可以用长和宽来描述它。于是，我们可以说原来的巧克力是一个 6×10 的矩形块，或者用向量符号把它记成 $(6, 10)$。巧克力所在的位置无关紧要，它的尺寸才是最重要的。我们的目标是把 $(1, 1)$ 这样一小块巧克力留给对方。那么需要遵循什么样的规则呢？可以沿着横向或者纵向掰下一块巧克力，当然掰下的长度或宽度不可能是零或负数。例如，我们可以从 $(6, 10)$ 这个位置移动到下面的任何一个位置：

$$(6, 1), (6, 2), (6, 3), \cdots, (6, 9), (1, 10), (2, 10), \cdots, (4, 10), (5, 10)。$$

总之可以水平向左或垂直向下移动。下面的示意图对这种移动作出了抽象的演示。当从 $(6, 10)$ 处开始移动时，它给出了我们可能达到的两种状态。

　　既然现在有了关于这个巧克力问题的一个非常好的数学模型，那么就可以从数学角度来重新叙述这个问题（但这样就没那么生动了）。

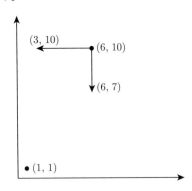

两个人轮流移动格子上的一点。每次都可以把这个点向左或者向下移动整数个格，但该点不能接触或越过两条坐标轴中的任何一条。点的初始位置是 $(6, 10)$。能把点移动到位置 $(1, 1)$ 的人就是赢家。请问哪个人拥有完美的获胜策略？

也可以像下面这样表述。

两个人轮流从两排筹码中取筹码。每个人都必须从上排或下排中取筹码，但不能同时从两排中取。最初，上排有 5 个筹码，下排有 9 个筹码（这代表了点 $(6, 10)$）。能够拿到最后一个筹码的人就是游戏的赢家。请问哪个人拥有完美的获胜策略？

这种表述所作出的一点修改是，从上排和下排中都减去了 1。对于那些熟悉尼姆游戏的人而言，这应当是很强的暗示；他们很容易就可以解决这个问题。即便没有尼姆游戏和博弈论方面的知识，我们也可以解答这个题目。

现在有了符号以及一个抽象的数学模型。下面要做的就是充分地理解这个问题。问题在于 6×10 的巧克力有很多种可能的掰法，而我们的实验应当从一块较小的巧克力入手。先考虑一块 2×3 的巧克力。

第一个人掰完后，余下的巧克力可能是下列情况中的任何一个：1×3，2×2 或者 2×1。把 1×3 或者 2×1 块留给对方是一种愚蠢的做法，因为此时第二个人只需要掰掉除了最后一个 1×1 块之外的所有部分就能获得胜利。因此，第一个人应当留给对方一个 2×2 的巧克力块。这样，第二个人就只能留下一个 1×2 或者 2×1 的巧克力块。于是，第一个人只需要再掰掉剩余巧克力的一半就能留给对方一个 1×1 的巧克力块，从而获得胜利。因此，对于 2×3 的巧克力块，第一个人能够获胜。

我们并没有从上面这个例子中得到很多信息，所以再尝试另一个 3×3 的例子。此时，第一个人有如下可能的选择：1×3，2×3，3×2 或者 3×1。根据对称性，我们可以很快地排除最后两种选择。1×3 这个选择是很愚蠢的，因为第二个人只需要掰掉除最后一小块之外的所有部分就能获胜。但是，留给对方 2×3 块同样不是个好办法。因为已经在上一段中讨论过这种情况！此时，第二个人可以采取上一段中第一个人所采取的策略：留下一个 2×2 的巧克力块，这将迫使第一个人不得不留下一个 1×2 的块，此时第二个人掰完后就能留给对方一个 1×1 的巧克力块，进而获得胜利。于是，对于 3×3 的巧克力块，第一个人无法取胜。

利用对 2×3 巧克力块问题的求解，我们解决了 3×3 巧克力块的问题。这暗示着对于一般情形的问题，可以采用归纳法来求解。例如，假设希望求解有关 3×4 巧克力块的问题，

并且已经知道在 3×1，3×2，1×4 以及 2×4 的巧克力块问题中，能够获得胜利的都是第一个人；但在 3×3 的巧克力块问题中，第一个人却是输家。那么在 3×4 的巧克力块问题中，第一个人的策略就是把 3×3 的巧克力块留给对方，因为此时第二个人一定会输。因此，第一个人的策略就是，把一个对方不得不掰、但一掰就输的块留给对方。为什么这些块可以确保对方输呢？因为无论对方怎么掰，这些块都能确保第一个人获得胜利。这些块之所以能够确保他获得胜利，是因为可以把它掰成一个令对方必输的块，依此类推。因此，策略就是找到所有能够确保必胜的块以及确保必输的块。

　　1×1 是一个明显的必输块。因为它无法掰分，所以游戏结束。$1 \times n$（其中 $n > 1$）是必胜的块，因为第一个人可以把它掰成一个令对方必输的 1×1 块。2×2 也是个必输的块，因为掰它的人必定会留给对方一个必胜的 1×2 块。现在可以说 $2 \times n$（其中 $n > 2$）是一个必胜的块，因为我们可以留给对方一个必输的 2×2 块。依此类推。我们注意到以下两点。

- 如果 $a \times b$ 是一个必输的块，那么 $a \times c$（其中 $c > b$）就是一个必胜的块。原因在于，掰 $a \times c$ 块的人会留给对方一个 $a \times b$ 块。例如，因为已经证明了 3×3 是一个必输的块，所以 3×4，3×5 和 3×6 等都是必胜的块。

- 仅当对 $a \times b$ 块的所有可能掰法都能留下对方必胜的块时，$a \times b$ 才是必输块。例如，就像前文中已经证明的那样，1×4，2×4 和 3×4，以及对称的 4×3，4×2 和 4×1 都是必胜的块，于是 4×4 一定是个必输的块。

我们可以按照这种系统的方法继续进行下去，直到 6×10 块。但为什么不让这个过程更数学化一些呢？对于那些必胜块以及必输块，应该会存在某种规律。那么目前所知道的必胜块以及必输块都有哪些呢？已经得到的必胜块有

$$
\begin{array}{ccccc}
 & 1 \times 2 & 1 \times 3 & 1 \times 4 & 1 \times 5 & \cdots \\
2 \times 1 & & 2 \times 3 & 2 \times 4 & 2 \times 5 & \cdots \\
3 \times 1 & 3 \times 2 & & 3 \times 4 & 3 \times 5 & \cdots \\
4 \times 1 & 4 \times 2 & 4 \times 3 & & 4 \times 5 & \cdots
\end{array}
$$

而已知的必输块有 1×1，2×2，3×3 以及 4×4。

这很好地证明了必输的块只有 $n \times n$ 块（即方块），而其他所有的块都能确保获得胜利。一旦有了这种策略，我们甚至没必要去证明（尽管你可以利用归纳法去证明），而只需去利用它就可以了。记住，我们想要留给对方一个必输的块。一旦能猜到哪块是必输的，就可以使用策略始终把必输块留给对方。如果这种策略能一直奏效，那当然很好。倘若不是这样，那就说明我们的猜测是错的。总而言之，如果猜测是正确的，那么最优的策略就是把方块留给对方。因此，对于 6×10 的方块，第一个人有如下策略。

掰下一部分巧克力，剩下一块 6×6 的巧克力（对第二个人来说，这是个必输块）。无论第二个人怎么掰，接下来仍把余下的巧克力掰成一个方块。例如，如果第二个人留下一块 6×4 的巧克力，那么就把它掰成一个 4×4 的方块。不断重复这个过程，始终留给对方一个方块，直到最后把一块 1×1 的巧克力留给对方（这样对方就输了）。

这种策略的确有效，因为不管对方怎么掰巧克力，他都会剩下一块非正方形的巧克力，而这块巧克力可以很容易地被再次掰成一个方块。另外，因为巧克力的尺寸不断变小，所以正方形的巧克力最终会被掰成一个 1×1 的方块。于是，利用一些不十分严谨的数学知识，我们最终得到了一个可行的策略，而这正是我们想要的。

总之，这是技巧类游戏取得胜利的一种标准方法：确定所有赢的状态和输的状态，然后始终向着赢的状态前进。专业的技巧类游戏参与者都会使用这种方法，尽管他们无法准确地判断赢或输的状态，而是只能推测出"有利"或"不利"的状态。例如，在国际象棋中，我们之所以说某一步是"好棋"或者"臭棋"，不就是因为这一步能使局面向着有利或者不利的方向转变吗？几乎没有哪个棋手能靠随意走棋，而不靠尝试向着有利的方向转化来取得胜利。

习题 6.4 两个人用筹码做游戏。刚开始共有 153 个筹码。两人轮流取走筹码，并且每人每次所取走的筹码个数介于 $1 \sim 9$。能够取走最后一个筹码的人是赢家。两人中是否存在必胜的策略？如果存在这种策略，那么它是什么？

习题 6.5 两个人用 n 个筹码做游戏。两人轮流取走筹码，并且每人每次所取走的筹码个数必须是 d 的方幂。能够取走最后一个筹码的人是赢家。对于 d 的下列取值，确定当 n 取什么值时，第一个人有获胜的策略；以及当 n 取什么值时，第二个人有获胜的策略。

(a) $d = 2$。

(b) $d = 3$。

(c)(*) $d = 4$。

(d)(*) 一般情况。

习题 6.6 重复上面这个习题，但现在把目标改成争取输。也就是说，迫使对方取到最后一个筹码。（如果思路正确，那么你就能很容易找到答案。）

习题 6.7 考虑问题 6.3 的一个三维形式。从一块 $3 \times 6 \times 10$

的巧克力开始，每个人都可以沿着三维中的任意一个方向去掰这块巧克力。哪个玩家获胜？获胜策略是什么？

习题 6.8(**)　在五子棋游戏中，两个玩家（白方和黑方）轮流把棋子放在一张 19×19 的棋盘上。如果有一方能够使自己的 5 颗棋子排成一行（在任何方向上），那么这一方获胜。如果棋盘已经被棋子填满，但仍然没有出现 5 颗颜色相同的棋子排成一行，那么游戏就是平局。证明：第一个玩家有一种保证至少是平局的策略。（提示：你需要利用反证法证明。先证明如果第一个玩家不能保证至少是平局，那么第二个玩家就有一种获胜的策略。然后让第一个玩家"偷用"这种策略。）

问题 6.4（Shklarsky 等，1962，第 9 页）　两兄弟卖一群羊。每只羊的售价（卢布）等于最初羊群中羊的只数。兄弟两人按照下列方式分配收入：哥哥先拿走 10 卢布，弟弟再拿走 10 卢布，接下来哥哥再拿走 10 卢布，依此类推。到最后轮到弟弟拿钱时，他发现剩余的钱已经不足 10 卢布，于是拿走了剩下的所有钱。为了使分配更加公平，哥哥把自己的小刀给了弟弟，而这把小刀的价格是整数卢布。请问，小刀的价格是多少？

在看到这个问题之后，我们的第一反应可能是这个问题似乎没有给出足够的信息。其次，这个问题好像也不十分严谨。但在没有进行任何尝试之前就失去解决问题的希望也是不对的。看一看问题 6.2，它开始给出的信息更少，但最后仍然得到了解决。

应该先试着用方程来表述这个问题。为此，需要引入一些变量。首先，注意到小刀的价格最终依赖于羊群中羊的只数，而羊的只数是这里唯一的独立变量（也就是说，羊的只数决定了一切）。我们不妨设共有 s 只羊，那么每一只羊都卖了 s 卢布。所以总收入是 s^2 卢布。

现在来看一下收入是如何分配的。假设总共有 64 卢布。那么哥哥先拿走了 10 卢布，然后弟弟也拿走了 10 卢布，依此类推。但我们发现，最后 4 卢布被哥哥拿走了，而不是弟弟，所以这种情况是不可能发生的。不要忘了，题目中给定的信息是"最后拿走现金的人是弟弟"这一事实。那么该如何用数学语言来表述这个事实呢？

为了用数学语言来表述这个事实，我们需要大量的方程和变量（需要足够的方程来描述这种情形，但不能造成混淆或者引起冗余）。假设在取走最后的零头之前，弟弟已经拿了 n 次 10 卢布。那么哥哥也已经拿了 n 次 10 卢布，而且还要加上 10 卢布 —— 这 10 卢布是哥哥在弟弟取走最后的零头之前拿走的。这样，最后剩下的零钱就只有 a 卢布 [a 是 1 ～ 9

（包括 1 和 9 在内）的某个数；而题意似乎暗示 a 是非零的]。

所以，卢布的总数一定是

$$s^2 = 10n + 10 + 10n + a$$

或者

$$s^2 = 10(2n + 1) + a。$$

但这与小刀有什么关系呢？我们想求的因变量是小刀的价格 p。我们需要一个能把 p 和其他变量联系起来的方程，而这个方程最好能把 p 和独立变量 s 联系在一起。在哥哥送给弟弟小刀之前，哥哥一共拿走了 $10n + 10$ 卢布，而弟弟一共拿走了 $10n + a$ 卢布。一旦小刀被送出，哥哥的收入就变成了 $10n + 10 - p$，而弟弟的收入就变成了 $10n + a + p$。为了保证公平，此时兄弟两人的收入一定是相等的。这样就得到了一个联系 p 和 a 的有用方程

$$a = 10 - 2p。 \tag{1}$$

现在把上式代入前面的方程，这样就能够得到一个关联 p 和其他变量的方程。于是有（在这个过程中消去 a）

$$s^2 = 20(n + 1) - 2p。 \tag{2}$$

我们要利用这些方程求 p 的值。因为我们不知道 s、n 和 a 的值，所以这里好像没有给出足够的信息。那么如何进一步缩小范围呢？这里的根本问题在于出现了太多的未知量。我们

可以利用模运算消掉其中的一些未知量。例如，(2) 式可以利用 (mod 20) 消掉 n，从而得到

$$s^2 = -2p \pmod{20}。$$

距离求 p 的目标越来越近了。但我们还要去处理让人头疼的 s。幸运的是，可以利用这样一个事实：在模运算中，平方数的取值是有限制的。事实上，对于 (mod 20)，平方数只能取 $0, 1, 4, 5, 9, 16$ 中的某个值。换句话说，有

$$-2p = 0, 1, 4, 5, 9 \ 或16 \pmod{20}。$$

为了求 p（记住 $2p$ 一定是个偶数），有

$$p = 0, 2, 8 \pmod{10}。$$

这样就得到了一个关于 p 的方程，但目前我们还无法给出它的精确值。上面这个式子表明小刀的价格可能是 0 卢布、2 卢布、8 卢布、10 卢布、12 卢布等。但小刀的价格不可能太贵，不是吗？毕竟，弟弟只不过少得了 10 卢布或者更少。按照这样的思路来思考，你最终会想到 p 不仅仅与 n 和 s 有关，它还与 a 有关，而 a 是限制在 $1 \sim 9$ 的某个数。回顾一下(1)式，它意味着 $0 < p < 5$。把该不等式与另一个关于 p 的等式结合起来，就可以确定小刀的价格是 2 卢布。（注意，即便让 a 等于 0，上面的论述也是正确的。）

奇怪的是，虽然有足够的信息来确定小刀的价格，但却没有充足的信息来确定羊的价钱和只数。实际上，关于 s 我们只

有 $s = \pm 4 \pmod{20}$ 或 $s = \pm 6 \pmod{20}$。因此，羊的只数可能是 $4, 6, 14, 16, 24, 26, 34, 36, \cdots$。

对于这样的谜题，你需要使用所有能够获得的信息。最好的办法就是搜罗谜题中给出的全部信息，并把它们逐条写下来。比如像下面这样：

(a) 需要分配的卢布是个平方数；

(b) 弟弟少得了一部分应有的收入；

(c) 少得的那部分收入由小刀来弥补。

接下来，应当尽快把上述事实转化成方程：

(a) $s^2 = 10(2n + 1) + a$；

(b) $0 < a < 10$；

(c) $a = 10 - 2p$。

我们应该试着把握住每一条信息，无论这些信息看起来有多么无关紧要。例如，可以指出 n 应该是一个非负数，或者 p 应当是正数，（为什么题目会提到一把毫无用处的小刀呢？）又或者羊群中羊的只数是正整数，等等。一旦把每条信息都写入方程，那么正确处理问题就变得非常容易了。

参考文献

书就像朋友一样，不需要很多，但要精心挑选。

——Samuel Paterson, *Joineriana*

AMOC (Australian Mathematical Olympiad Committee) Correspondence Programme (1986~1987), Set 1 questions.

Australian Mathematics Competition (1984), *Mathematical Olympiads: The 1984 Australian Scene*, Canberra College of Advanced Education, Belconnen, ACT.

Australian Mathematics Competition (1987), *Mathematical Olympiads: The 1987 Australian Scene*, Canberra College of Advanced Education, Belconnen, ACT.

Borchardt, W. G. (1961), *A Sound Course in Mechanics*, Rivingston, London.

Greitzer, S. L. (1978), *International Mathematical Olympiads 1959~ 1977* (New Mathematical Library 27), Mathematical Association of America, Washington, DC.

Hajós, G., Neukomm, G., and Surányi, J. (eds) (1963), *Hungarian Problem Book I, based on the Eötvös Competitions 1894~1905*, (New Mathematical Library 11), orig. comp. J. Kürschák, tr. E. Rapaport, Mathematical Association of America, Washington, DC.

Hardy, G.H. (1975), *A Course of Pure Mathematics*, 10th eds., Cambridge University Press, Cambridge.

Polya, G. (1957), *How to Solve It*, 2nd ed, Princeton University, Princeton.

Shklarsky, D.O., Chentzov, N.N., and Yaglom, I.M. (1962), *The USSR Olympiad Problem Book: Selected Problems and Theorems of Elementary Mathematics*, revd. and ed. I. Sussmar, tr. J. Maykovich, W.H. Freeman and Company, San Francisco, CA.

Taylor, P.J. (1989), *International Mathematics: Tournament of the Towns, Questions, and Solutions, Tournaments 6 to 10 (1984 to 1988)*, Australian Mathematics Foundation Ltd, Belconnen, ACT.

Thomas, G.B. and Finney, R.L. (1988), *Calculus and Analytic Geometry*, Addison-Wesley, Reading, MA.

索引

版 权 声 明